いちばんやさしい

70代からの iPhone
アイフォーン

増田由紀

著

日経BP

目　次

はじめに ....（6）

第1章　iPhone の基本を知ろう

レッスン1　iPhone は小さなコンピューター 2
1 iPhone と Android 2
2 iPhone の各部の名称 3
3 iPhone の充電 4
4 iPhone の基本ソフトウェア「iOS」について 4
5 iOS の更新 5

レッスン2　画面が暗くなった時の操作 7
1 スリープ／スリープ解除 7
2 ホーム画面とロック画面 8
3 電源を切る／入れる（再起動）.. 9

レッスン3　指で操作する感覚に慣れる 10
1 タップ（選ぶ）... 10
2 ピンチアウト、ピンチイン（拡大・縮小）............................ 11
3 ドラッグ、フリック、スワイプ 12

レッスン4　ホーム画面の使い方 13
1 ステータスバーと Dock 13
2 コントロールセンター 13
3 見やすい画面の設定 15
4 通知センター 17

レッスン5　Wi-Fi とは 18
1 Wi-Fi を使うメリット 18
2 自宅や外出先での Wi-Fi の利用 18
3 Wi-Fi の設定 19

レッスン6　Apple Account の作成 20
1 Apple Account の確認方法 20
2 Apple Account の作成手順 21
3 電話番号の確認 23

レッスン7　iPhone のセキュリティ設定 24
1 パスコードの設定 24
2 顔の登録（ホームボタンのない iPhone）............................. 25
3 指紋の登録（ホームボタンのある iPhone）.......................... 26

第2章　電話を使おう

レッスン1　電話をかける 28
1 キーパッドの番号を押して電話をかける 28
2 発着信履歴から電話をかける 29
3 連絡先から電話をかける 29

レッスン2　電話を受ける 30
1 かかってきた電話を受ける 30
2 通話中の画面 31
3 消音（マナー）モードとバイブレーション 32

レッスン3　連絡先の使い方 33
1 ［よく使う項目］への登録 33
2 連絡先でできること 34
3 連絡先の新規追加 35
4 既存の連絡先の編集.. 36
5 履歴から連絡先への追加 38

(2)

	6 連絡先の削除	38

レッスン4　ビデオ通話の使い方　39
　1 ビデオ通話をかけ方 39
　2 ビデオ通話の受け方 40

第3章　インターネットで情報を調べよう

レッスン1　文字の入力方法 42
　1 キーボードの種類 42
　2 声での入力 45
　3 ［日本語かな］キーボードを使った文字の入力 48
　4 フリック入力を使った文字の入力 49
　5 変換候補を使った入力 50
　6 ［日本語ローマ字］キーボードを使った文字の入力 52

レッスン2　Webページで情報検索 53
　1 Webページの検索（キーワード検索）................. 53
　2 Webページの見方 54
　3 Webページの検索（音声検索）......................... 55

レッスン3　Safariの便利な機能 56
　1 お気に入りへ追加 56
　2 追加したWebページの削除 57
　3 Webページの文字サイズの変更 58
　4 Webページの履歴の利用 59
　5 ホーム画面へのWebページの追加と削除 60
　6 複数のWebページを閉じる 61

第4章　メールやメッセージを送ろう

レッスン1　メールの送受信 64
　1 メールとメッセージの違いについて 64
　2 メールの画面の確認 66
　3 メールを送る 67
　4 メールを受け取る 69
　5 メールの返信 70
　6 写真付きメールを送る 70
　7 受け取ったメールに添付された写真の保存 71
　8 メールの転送 72
　9 メールに目印を付ける、メールの削除 73
　10 署名の編集 74
　11 ［メール］へのメールアドレスの設定 74

レッスン2　メッセージの送受信 76
　1 メッセージを送る 76
　2 メッセージを受け取る 77
　3 写真付きメッセージを送る（iMessage）................. 78
　4 ボイスメッセージを送る（iMessage）................. 78
　5 メッセージ送信時の効果の設定（iMessage）................. 79
　6 iMessageで送れるもの 80

第5章　アプリを追加しよう

レッスン1　アプリの追加 82
　1 アプリの追加（インストール）とは 82
　2 アプリの見つけ方 82
　3 Face IDの使い方 83

(3)

	4	Touch ID の使い方	84
	5	はじめてアプリを追加する手順（Google マップ）	85
	6	顔や指紋を使ったアプリの追加（Google フォト）	88
	7	おすすめアプリの紹介	90

レッスン2　アプリの終了、削除、整理 ……………………… 91
1 アプリライブラリ…………………………………………… 91
2 スタンバイ状態のアプリの切り替え……………………… 91
3 アプリの終了 ……………………………………………… 92
4 アプリの削除 ……………………………………………… 92
5 アプリをまとめる…………………………………………… 93
6 Dock のアプリの入れ替え………………………………… 94

第6章　地図を使おう

レッスン1　Google マップの利用 ………………………… 96
1 地図を見る………………………………………………… 96
2 地図の切り替え …………………………………………… 97

レッスン2　地図を使った検索 ……………………………… 99
1 周辺にあるスポットの検索………………………………… 99
2 交通機関の経路検索……………………………………… 100
3 車や徒歩による経路検索 ………………………………… 102

レッスン3　地図の詳細情報の利用 ………………………… 103
1 詳細情報からの電話や Web サイトの利用 ……………… 103
2 Google アカウントを利用した登録……………………… 105
3 ［お気に入り］への保存 ………………………………… 106
4 ［お気に入り］に保存した場所の利用と削除 …………… 107

第7章　写真を楽しもう

レッスン1　写真や動画を撮る …………………………… 110
1 撮影時の iPhone の持ち方 ……………………………… 110
2 写真の撮影 ………………………………………………… 111
3 ピント合わせ ……………………………………………… 112
4 明るさの調整 ……………………………………………… 113
5 ズーム……………………………………………………… 114
6 超広角撮影………………………………………………… 114
7 ナイトモード（暗い所での撮影） ……………………… 115
8 カメラの切り替え ………………………………………… 116
9 動画の撮影………………………………………………… 116

レッスン2　カメラのメニューと機能 …………………… 118
1 連写撮影（バーストモード） …………………………… 119
2 フラッシュの切り替え …………………………………… 120
3 セルフタイマー機能 ……………………………………… 120
4 ライブフォト ……………………………………………… 121
5 撮影メニューの切り替え ………………………………… 121
6 ポートレート撮影 ………………………………………… 122
7 スローモーション、タイムラプス ……………………… 123
8 パノラマ撮影……………………………………………… 123

レッスン3　撮影した写真や動画を見る ………………… 125
1 ［ライブラリ］と［写真］の切り替え ………………… 125
2 ［ライブラリ］を利用した写真の分類………………… 126
3 ［写真］を利用した写真の分類………………………… 126

(4)

レッスン 4	写真や動画の編集や選別	128
	1 写真から検索	128
	2 写真の編集	128
	3 写真や動画の削除	132
	4 お気に入りにまとめる	133
	5 アルバムの作成と削除	133
	6 ホーム画面の壁紙として写真を設定	135
レッスン 5	Google フォトでの写真のバックアップ	136
	1 Google フォトとは	136
	2 Google アカウントの作成	137
	3 写真の自動バックアップ	140

第 8 章 iPhone の便利な機能やアプリを利用しよう

レッスン 1	メモの使い方	142
	1 チェックリストの作成	142
	2 箇条書きや番号付きのメモの作成	143
	3 手書きメモの作成	144
	4 メモを使った書類のスキャン	144
レッスン 2	カレンダーの使い方	145
	1 カレンダーの切り替え	145
	2 予定の入力、編集、削除	146
レッスン 3	時計の使い方や天気の調べ方	147
	1 時計の便利な機能	147
	2 世界時計	148
	3 アラーム	148
	4 天気を調べる都市の追加	149
レッスン 4	音楽の購入や映画のレンタル	150
	1 音楽、本、映画を楽しむためのアプリ	150
	2 Apple ギフトカードの利用	151
	3 音楽の購入	152
	4 映画のレンタル	153
レッスン 5	Siri の使い方	155
	1 Siri を利用する場合の設定の確認	155
	2 Siri に尋ねる	156
レッスン 6	AirDrop を使った写真交換	157
	1 AirDrop を利用する場合の設定	157
	2 AirDrop で写真を送る	157
レッスン 7	カメラでの QR コードの読み取り	159
	1 QR コードを読み取る（Web ページ）	159
	2 QR コードを読み取る（動画やメール）	159
レッスン 8	スクリーンショットの利用	160
	1 スクリーンショットの撮影方法	160
	2 スクリーンショットの利用シーン	160
レッスン 9	Apple Pay の設定	161
	1 ウォレットへのクレジットカードの追加	161
	2 ウォレットへの Suica の追加とチャージ	162
レッスン 10	データのバックアップ	165
	1 iCloud へのデータのバックアップ	165
	2 iCloud の空き領域の変更	166
	索引	168

(5)

はじめに

この本を手に取ってくださってありがとうございます。私はミセス・シニア世代向けのスマホ・PC教室の代表として、日ごろからスマートフォンの使い方を皆さまにご案内しております。
私の担当する受講生の<mark>最高齢は90代</mark>です。そんな<mark>現役講師</mark>の立場から、シニアの方がつまづきそうなところを丁寧に、またぜひ覚えてほしいことを中心に、この本を書きました。この本はiPhoneの基本的な使い方をしっかり学び、楽しく使うための<mark>シニア世代向け入門書</mark>です。活字も大きくし、操作手順にもわかりやすく数字を振りました。はじめてのスマートフォンとしてiPhoneを選んだ方に<mark>最適</mark>です。
今や、スマートフォンの保有率は9割を超え、シニア世代の方にも普及しつつあるスマートフォンですが、まだ「電話やメールにしか使っていない」という方も多く、とてももったいないと感じています。これ

生徒さん（80代）との一コマ

からの時代、<mark>シニア世代こそ</mark>スマートフォンを使う<mark>メリットは非常に大きい</mark>と思います。
スマホが使えたら、人に頼らず好きな時に知りたい情報を得ることができます。<mark>テレビや新聞だけでなく</mark>、広くインターネットからも情報を得ることは、シニア世代にとっても大事なことです。
スマートフォンを使って、今のうちから家族や友人とコミュニケーションできるようにしておけば、将来思うように外出できなくなった時でも、<mark>孤立を防ぐ</mark>ことができます。災害の多い我が国では、<mark>いざという時</mark>の情報収集や安否確認にスマートフォンは欠かせません。
この便利な道具は、今や<mark>生活の必需品</mark>です。普段は楽しく使って、いざという時に役立てるようにしておきたいものです。
スマートフォンは「基本ソフトウェア」で動いています。iPhoneの基本ソフトウェアはiOS（アイオーエス）といいます。今年買ったiPhoneでも、2年前に買ったiPhoneでも、5年前に買ったiPhoneでも、この<mark>基本ソフトウェアの更新</mark>で、<mark>新しいメニューが使える</mark>ようになります。皆さまのiOSは今、何になっていますか？

オンラインレッスンも実施中

この本は基本ソフトウェアの最新版「iOS 18」で書きました。
この本の<mark>5ページ</mark>を見ながら、今使っている<mark>ご自分のiPhoneを最新の状態にして</mark>ご利用ください。
購入した時期にかかわらず、基本ソフトウェアを最新の状態にしながら、<mark>長く使うことができる</mark>のがiPhoneのいいところです。
iPhone本体下部に丸いホームボタンのあるiPhoneの場合 ➡ の箇所を読んでください。

本書の執筆環境について

- iPhone 16、iPhone 16 Pro Max
- iOS 18.1
- Apple IDを取得し、取得したApple IDをメールアドレスとして使用している状態
- メッセージの設定が終了している状態

※iPhoneのモデル、iOSやアプリのバージョンによって画面の表示が本書と異なる場合があります。また、本書に掲載されているWebサイトに関する情報や内容、App Storeの内容は、本書の編集時点（2024年10月）で確認済みのもので、変更されることがあります。

第1章

iPhone の基本を知ろう

レッスン1	iPhone は小さなコンピューター	2
レッスン2	画面が暗くなった時の操作	7
レッスン3	指で操作する感覚に慣れる	10
レッスン4	ホーム画面の使い方	13
レッスン5	Wi-Fi とは	18
レッスン6	Apple Account の作成	20
レッスン7	iPhone のセキュリティ設定	24

レッスン 1　iPhone は小さなコンピューター

iPhone（アイフォーン）は世界で一番有名なスマートフォンのひとつで、Apple 社が作った製品です。スマートフォンはたくさんの機能の詰まった、電話もできる賢い小さなコンピューターです。

1　iPhone と Android

スマートフォンには基本ソフトウェアが搭載されています。基本ソフトウェアなしでは、何もすることができません。スマートフォンには大きく分けて 2 つの種類があります。

Apple 社が提供する基本ソフトウェアで動くスマートフォンの名前を iPhone（アイフォーン）といいます。本体の背面に 🍎 のマークが付いています。

iPhone は基本ソフトウェアの提供から機種の製造までを Apple 社が行います。基本ソフトウェアを最新のものにすれば、数年前に買った iPhone でも、昨日買った iPhone でも、同じように使うことができます。

一方、Google 社が提供する基本ソフトウェアで動くスマートフォンを Android（アンドロイド）スマートフォンといいます。Android スマートフォンを製造している会社は複数あります。そのためさまざまな特徴を持った機種が発売されていて、価格もまちまちです。

一般的な名称	iPhone（アイフォーン）	Android（アンドロイド）スマートフォン
基本ソフトウェアの名称	iOS（アイオーエス）	Android（アンドロイド）
基本ソフトウェアの提供会社	Apple 社（アップル社）	Google 社（グーグル社）
主な携帯電話会社（キャリア）	ドコモ、au、ソフトバンクなど	ドコモ、au、ソフトバンクなど
主な機種	iPhone	AQUOS（アクオス） Xperia（エクスペリア） Arrows（アローズ） Google Pixel（グーグルピクセル） Galaxy（ギャラクシー） ZenFone（ゼンフォン）　　など
主な製造メーカー	Apple 社（米国）	シャープ ソニー 富士通 Google（米国） サムスン（韓国） ASUS（台湾）　　など

2　iPhoneの各部の名称

iPhone各部の名称を見てみましょう。ここではiPhone16で説明します。

背面カメラ

フラッシュ

マイク／スピーカー

前面側カメラ

着信／サイレントスイッチ※
スライドしてオレンジ色が見えている時は消音になります（P32参照）。電話の着信音を鳴らしたくない時に使います。

音量ボタン
音量の調整に使います。上のボタンを押せば音量は大きく、下のボタンを押せば小さくなります。

サイドボタン
ボタンを押すと画面がすぐに暗くなり、長く押し続けると完全に電源を切ることができます。

カメラコントロール
このボタンを押すとカメラが起動し、もう一度押すと撮影できます。

この画面は、**ホーム画面**といいます。ホーム画面にある小さい**アイコン**（絵柄）の1つ1つを**アプリ**といいます。アイコンは、そのアプリで何ができるかを示しています。

USB-Cコネクタ
充電する時に使うUSB-Cケーブルの差し込み口です。

※iPhone 16シリーズには、本体右側面にカメラコントロールが追加されました。

iPhone 16には2つのシリーズ、2つの大きさがあります。
Proシリーズかどうかは簡単に見分けることができます。
背面にレンズが3つあるのが上位機種のProシリーズです。
画面のサイズが大きいのはiPhone 16 PlusとiPhone 16 Pro Maxです。

機種名	レンズ	画面の大きさ
iPhone 16	2つ	6.1インチ（対角線で約15.5cm）
iPhone 16 Plus	2つ	6.7インチ（対角線で約17cm）
iPhone 16 Pro	3つ	6.3インチ（対角線で約16cm）
iPhone 16 Pro Max	3つ	6.9インチ（対角線で約17.5cm）

3　iPhoneの充電

バッテリーはぎりぎりまで使用せずに、**20%程度になったら充電する**ようにしましょう。
iPhone16の付属品は **USB-Cケーブル** というケーブルだけです。別途、付属のUSB-Cケーブルに対応した充電器（電源アダプタ）が必要です。「Power Delivery（PD）」に対応している20W（ワット）以上の充電機なら、高速で充電ができます。

① 付属のケーブルを本体下部のUSB-Cコネクタにつなぎ、コンセントに接続します。
② バッテリーの残量が数字とともに画面右上に表示されます。

▲iPhoneの付属品

次のようにしてバッテリーの残量を表示します。

① ホーム画面の ［設定］に軽く触れます。
② 画面を少し上に動かし、［バッテリー］に軽く触れます。
③ ［バッテリー残量（％）］の　　オフに軽く触れて　　オンにします。
④ 画面右上にバッテリーの残量がパーセントで表示されます。

4　iPhoneの基本ソフトウェア「iOS」について

iPhoneは新製品が出るたびに、カメラの性能がよくなったり、音声や指紋、顔を認識するようになったりと、さまざまな機能が追加されてきました。iPhoneには**基本ソフトウェア**と呼ばれるプログラムが入っていて、それが更新や変更されているためです。このソフトウェアの名前を **iOS（アイオーエス）** といいます。iOSのバージョンは数字で表され、**数字が大きいほど新しい**ものになります。2018年9月に発売されたiPhone XR以降であれば、最新のiOSに更新することができます。

基本ソフトウェアのバージョンは次の手順で確認します（本書では iOS 18.1 の状態）。

① ホーム画面の 　　 [設定] に軽く触れます。
② 画面を少し上に動かし、[一般] に軽く触れます。
③ [ソフトウェアアップデート] に軽く触れます。
④ 現在の iOS のバージョンと状態が表示されます。

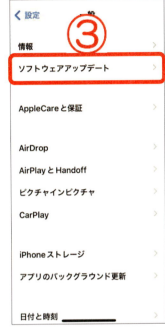

ワンポイント　ホーム画面にメニューが表示された時は

操作に慣れないうちは、知らない間に画面が変わってしまったり、ホーム画面のアイコンにメニューが表示されてしまったり、ということがあるかもしれません。操作の途中で予期せぬ画面が表示されたら、何もないところを軽く触れるとメニューが非表示になり、ホーム画面に戻ります。
iPhone 本体下部に丸いホームボタンのある iPhone の場合、ホームボタンを押してホーム画面に戻ります。

5　iOS の更新

ソフトウェアを最新の状態にすることをソフトウェアのアップデートといい、最新の状態にすると不具合が解消されたり、新機能が追加されたりします。iOS が最新の状態にできる時は、ホーム画面の[設定]に赤色の丸数字が表示されます。更新作業を進めるには、バッテリーが 50％以上残っている必要があります。画面は iOS 17 を iOS 18 に更新した場合です。ソフトウェアが「17」から「18」のように数字が1つ大きくなることをアップグレードといいます。「18.0」から「18.1」のように小数点以下の数字が大きくなることをアップデートといいます。

5

① ホーム画面の　　　［設定］に軽く触れます。
② 画面を少し上に動かし、［一般］に軽く触れます。
③ ［ソフトウェアアップデート］に軽く触れます。
④ 画面を少し上に動かし、［iOS 18 にアップグレード］と表示されていたら、軽く触れます。
⑤ ［今すぐアップデート］と表示されたら、それに軽く触れます。
⑥ ［パスコードを入力］と表示されたら、パスコード（数字）を正確に入力します。

⑦ 利用規約の内容をよく読んでから［同意する］に軽く触れます。
⑧ 残り時間が表示され、アップデートがはじまります。しばらく待ちます。
⑨ ソフトウェアアップデートが終了すると画面が一度暗くなり、次に　　のマークが表示されます。しばらく待ちます。
⑩ 画面が明るくなったら、画面を上に引き上げます。
⑪ ［パスコードを入力］と表示されたら、パスコード（数字）を正確に入力します。
⑫ ［ソフトウェアアップデート完了］が表示されたら、［続ける］に軽く触れます。
⑬ ［Face ID］と表示されたら、［あとでセットアップ］に軽く触れます。
⑭ iPhone 解析の画面が表示されたら、［共有しない］に軽く触れます。
⑮ ［ようこそ iPhone へ］と表示されたら、画面を軽く上に引き上げます。

6

レッスン2　画面が暗くなった時の操作

iPhoneはしばらく触れていないと、バッテリーの消耗を防ぐために画面が暗くなります。画面が暗くなっても電源が切れたわけではなく、**すぐに使えるようにスタンバイしている状態**です。

1　スリープ／スリープ解除

画面に触れて操作するiPhoneですが、使っていない時でも画面が長時間明るいままだと、バッテリーを消耗します。iPhoneは、一定の時間（初期設定では30秒）、画面に触れていないと自動的に暗くなります。その時は画面に軽く触れるか、iPhoneを持ち上げると、また画面が明るくなります。

画面が自動的に暗くなり節電のため待機している状態を**スリープ**といいます。これはバッテリーの無駄な消耗を防ぐ工夫です。スリープの時は、完全に電源が切れているわけではありません。画面を軽く触れるか、**iPhoneを持ち上げてスリープを解除**すると、すぐに続きの操作ができる状態になります。

iPhoneの電源を完全に切って（オフ）しまうと、次に電源を入れる（オン）のに少し時間がかかります。しばらく操作しない時は、電源を完全に切るのではなく、**サイドボタン**を押して画面を消し、スリープの状態にしておくとよいでしょう。

▼電源が入っている
　状態

▼しばらく触れずに画面が暗くなった状態（スリープ）
　→画面に触れるか、サイドボタンを押すと明るくなる

▼完全に電源を切った
　状態（P9参照）
　→触れても明るくならない

iPhoneがすぐにスリープの状態になり、暗くなってしまうのが不便な場合には、スリープまでの時間を変更することができます（P15参照）。

7

2 ホーム画面とロック画面

ホーム画面はすべての操作のスタート地点です。必要なものはすべてホーム画面に並ぶアプリから探します。操作に迷ったらホーム画面に戻りましょう。

また、iPhoneを持ち上げたり、サイドボタンを押すとすぐに表示されるのがロック画面です。この画面は、他の人がiPhoneを勝手に触らないようにするためのものです。ロック画面を解除するためパスコードやFace ID（Touch ID）があります。まだ設定していない場合は、個人情報を守るためにも必ず設定しておきましょう。

① ホーム画面の状態で、本体右側のサイドボタンを軽く1回押します。
② 画面が暗くなり、スリープの状態になります。
③ 本体右側のサイドボタンを軽く1回押します。画面が明るくなり、日付や時刻が表示されたロック画面になります。

▼ホーム画面　▼スリープの状態　▼ロック画面

軽く押します。　軽く押します。

④ ホーム画面を表示するには、画面を下から上に押し上げます。下にある白いバーを引き上げるようにするとよいでしょう。

　→ iPhone本体下部に丸いホームボタンのあるiPhoneの場合、ホームボタンを押してホーム画面を表示します。

⑤ Face ID（P25参照）を設定している場合、iPhoneに視線を合わせるとロック画面が解除されます。

　→ iPhone本体下部に丸いホームボタンのあるiPhoneで、Touch ID（P26参照）を設定している場合、登録した指をホームボタンにのせるとロック画面が解除されます。

⑥ パスコード（P24参照）を設定している場合、設定した数字を入力するとロック画面が解除されます。

3 電源を切る／入れる（再起動）

iPhone の電源を完全に切ると、次に使える状態になるまでに少し時間がかかります。通常は、前述のようにサイドボタンを押して、スリープの状態にしておいて構いません。電源を完全に切り、また電源を入れることを**再起動**といいます。
iPhone の調子が悪くなった時に再起動すると、**さまざまなトラブルが解消**されることがよくあります。再起動の方法をしっかり覚えておきましょう。

① 本体右側のサイドボタンと左側の音量ボタンのどちらかを同時に 3 秒程度押します。
　→ iPhone 本体下部に丸いホームボタンのある iPhone の場合、本体右側のサイドボタンを 3 秒程度押します。
　iPhone の設定によっては、同時にボタンを長く押し続けていると、緊急 SOS のカウントダウンとともに大きな音が鳴る場合があるので、注意しましょう。

② ［スライドで電源オフ］の を右へ動かします。画面が暗くなって完全に電源が切れます。これが電源オフの状態です。

▼ホームボタンのある iPhone の場合

③ しばらくしてから、本体右側のサイドボタンを 3 秒程度押します。 のマークが表示されたら指を離します。
④ しばらくするとロック画面が表示されます。画面を下から上に押し上げてホーム画面を表示します。
　→ iPhone 本体下部に丸いホームボタンのある iPhone の場合、ホームボタンを押してホーム画面を表示します。

レッスン 3　指で操作する感覚に慣れる

iPhoneを使うのに必要な操作を覚えましょう。いずれも爪ではなく**指先の柔らかいところ**を使います。カタカナ用語だと感覚がつかみにくいかもしれませんが、日常生活でもよく行う操作に置き換えてみると、イメージしやすいでしょう。

1　タップ（選ぶ）

タップは指先の柔らかい部分で画面を軽く1回触れる操作です。「押す」ほどの力は必要ありません。**テーブルの上のゴマ粒を指先で拾う感じ**です。iPhoneを使う時に一番多く行う操作がタップで、とても大事な操作です。メニューやボタンを選ぶ時に使います。

① ホーム画面の ［マップ］をタップします。
② ［"マップ"に位置情報の使用を許可しますか？］と表示されたら、［アプリの使用中は許可］をタップします。
③ ［友達が到着予定時刻を共有するときに通知を受信］と表示されたら、［今はしない］をタップします。［"マップ"の改善にご協力いただけますか？］と表示されたら、［許可］をタップします。［カスタム経路の紹介］と表示されたら、［続ける］をタップします。
④ 現在地が表示されます。別の場所が表示されていた時は、 をタップして現在地を表示します。

タップはiPhone操作の基本となる大事なものです。爪を立てず、力を入れ過ぎず、机の上にあるゴマ粒を指先で拾うぐらいの力加減で、画面に触れてみましょう。画面を強く押す、また画面を長く押すと、タップとは別の操作になってしまいます。P11のように、アプリを開いてはホームに戻るという練習で、タップの感覚をつかみましょう。

次のアプリをタップして画面を確認したら、ホーム画面に戻るという練習をしてみましょう。
新機能の説明が表示されたら、[続ける]をタップします。
この練習は**「アプリを開く」→「ホーム画面に戻る」という操作に慣れる**ことが目的です。
それぞれのアプリの使い方は、各章で説明します。

① ホーム画面の [電話]をタップします。
② 画面を下から上に押し上げてホーム画面に戻ります。
　➡ iPhone本体下部に丸いホームボタンのあるiPhoneの場合、ホームボタンを押してホーム画面に戻ります。
③ ホーム画面の [時計]をタップします。
④ ホーム画面に戻ります。
⑤ ホーム画面の [メモ]をタップします。
⑥ ホーム画面に戻ります。
⑦ ホーム画面の [カレンダー]をタップします。
⑧ ホーム画面に戻り、最後にもう一度 [マップ]をタップします。

2　ピンチアウト、ピンチイン（拡大・縮小）

指2本を使って、画面の拡大・縮小ができます。指2本で画面を**軽く押し広げて大きくする**ことを**ピンチアウト**、指2本で画面を**軽くつまんで小さくする**ことを**ピンチイン**といいます。

ピンチアウト（指で広げる）
もうこれ以上大きくならないところまで
何度かピンチアウトしてみましょう。

広げます。

ピンチイン（指を狭める）
日本全体、地球全体が見えるくらいまで
何度かピンチインしてみましょう。

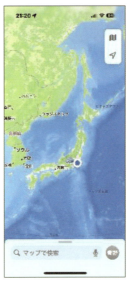

狭めます。

11

3　ドラッグ、フリック、スワイプ

指の操作に使われるカタカナ用語をすべて覚える必要はありませんが、それぞれの用語がどんな操作なのかを知っておくとよいでしょう。
ここで説明している指の動かし方はどれも似ていますが、次第に指の感覚が慣れていくので、その感覚を重視してください。

ドラッグ　　**指を触れたまま**ゆっくり動かします。最後まで指は触れたままです。「ずるずると引きずる」という感じです。何かを移動する時などに使います。

フリック　　**指で軽く払う**ように動かします。「ほこりをさっと払う」時の指の感じです。文字入力の時によく使います（P49参照）。

スワイプ　　指で触れて少し待ってから**指を滑らせます**。「涙を拭い取る」時の指の感じです。フリックよりも力が入る感じです。最後は画面から指が離れます。メニューを表示させる時などに使います。

どの操作でも地球を動かすことができますが、指の操作の微妙な違いを確かめておきましょう。

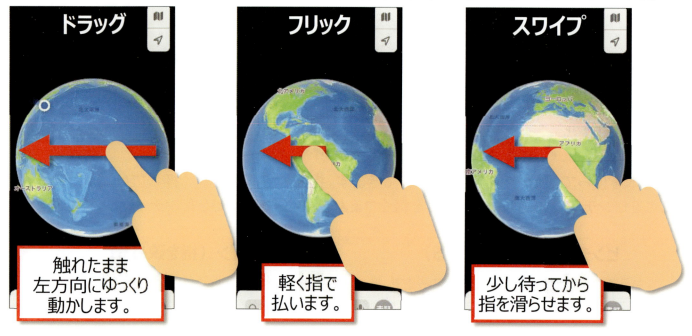

① ✈ をタップして現在地を表示します。

② 画面を下から上に押し上げてホーム画面に戻ります。
　➡ iPhone本体下部に丸いホームボタンのあるiPhoneの場合、ホームボタンを押してホーム画面を表示します。

レッスン4　ホーム画面の使い方

ロック画面を解除して最初に表示されるホーム画面は、すべての操作のスタート地点です。ホーム画面を確認してみましょう。

1 ステータスバーとDock

画面上のステータスバーでは、次の内容が確認できます。

Dock（ドック）は日本語では「波止場」という意味です。
よく使うアプリが4つ表示されています。
ホーム画面を動かしても、ドックにある4つのアプリは常に表示されています。この4つのアプリを入れ替えることもできます（P94参照）。

2 コントロールセンター

音量や画面の明るさの調整、Wi-Fi（ワイファイ）の接続／切断、画面の回転、カメラなどよく利用するメニューなどを簡単に表示できるのがコントロールセンターです。
iPhoneの操作中いつでも、次のような方法でコントロールセンターを表示できます。

13

ここをタップすると、右の画面のように通信に関係するメニューが一覧で表示されます。

メニュー以外の場所をタップすると左の画面に戻ります。

① 機内モード............ 機内モードを ✈ オンにすると、iPhone のすべての通信を切断にすることができます。

② Wi-Fi................. Wi-Fi を使いたい時は 📶 オンにします。

③ AirDrop............. AirDrop を使えば、ほかの iPhone や iPad に無線でデータを送ることができます。 📶 がオンの状態です。
（エアドロップ）

④ 画面の向きのロック.... 画面の向きを縦か横に固定しておくことができます。

⑤ 集中モード............ iPhone に届く通知などを制限して集中できる状態にします。

⑥ ミュージック............ iPhone にある曲の再生や停止ができます。

⑦ 明るさ調節............ スライダを上下に動かして画面の明るさを設定できます。

⑧ 音量調節............. スライダを上下に動かして音量を調節できます。一番下まで下げると消音になります。

⑨ 懐中電灯............. 背面のフラッシュを点灯させて懐中電灯の代わりにします。

⑩ タイマー............... タイマーやアラームなどの設定ができます。

⑪ 電卓.................. iPhone を電卓として使えます。

⑫ カメラ................. カメラの画面になり、すぐに撮影できます。

⑬ コードスキャナー....... 白と黒の二次元コード（QR コード）を読み取ります。

⑭ Wi-Fi................. ここから Wi-Fi の設定ができます。

⑮ AirDrop............. ここから AirDrop の設定ができます

⑯ モバイルデータ通信... 携帯電話会社のデータ通信のオン／オフができます。通常は 📶 オンの状態にしておきます。

⑰ Bluetooth.......... Bluetooth のオン／オフができます。Wi-Fi も Bluetooth も無線の規格です。 ❋ がオンの状態です。
（ブルートゥース）

14

コントロールセンターのマークをタップすると、通信のオン／オフができます。
インターネットがつながらないことがあったら、次のマークを確認してみましょう。

[Wi-Fi] がオフになっている状態です。自宅にWi-Fiがある時は、Wi-Fiを必ずオンにしておきましょう。

[機内モード] がオンになっている状態です。電話やインターネットが使えない場合、機内モードがオンになっていないか確認しましょう。

コントロールセンターの画面に戻るには、メニュー以外の場所をタップします。

3　見やすい画面の設定

画面表示と明るさのメニューを使えば、iPhone の画面が暗くなるまでの時間を調整できます。また、画面を拡大したり、文字を太字にしてより見やすく設定できます。

① ホーム画面の [設定] をタップします。
② [画面表示と明るさ] をタップします。
③ [自動ロック] をタップします（初期設定では 30 秒）。
④ 画面が暗くなるまでの時間が変更できます。ここでは 3 分をタップしています。変更したら [＜戻る] をタップします。

⑤ 画面を少し上に動かし、[拡大表示] をタップします。
⑥ [文字を拡大] をタップし、[完了] をタップします。
⑦ ["拡大"を使用] をタップします。
⑧ [＜戻る] をタップします。

15

⑨ ［テキストサイズを変更］をタップします。
⑩ スライダを右に動かすと文字が大きくなります。調整したら、［＜］をタップします。
⑪ ［文字を太くする］の　　オフをタップして　　オンにします。
⑫ 画面表示を変更したら、画面を下から上に押し上げてホーム画面を表示します。
　　iPhone本体下部に丸いホームボタンのあるiPhoneの場合、ホームボタンを押してホーム画面を表示します。
⑬ 文字のサイズとアイコンが大きくなり、文字が太字になります。

16

4 通知センター

新着メールやメッセージ、今日の概要や天気などを通知してくれるのが**通知センター**です。カレンダー（P145参照）に予定を入れておけば、通知センターに予定が表示されます。通知センターを左に動かせば素早くカメラが使えたり、右に動かせばウィジェットが表示されます。ウィジェットとは、アプリを開くことなく内容が確認できる小さなメニューです。天気や予定、バッテリー残量などを一目で確認できます。

① ホーム画面の左上をゆっくり下に動かします。
② 通知センターが表示されます。
③ 通知センターの時刻のあたりを左に動かすと、カメラが起動します。
④ 通知センター時刻のあたりを右に動かすと、バッテリー残量や予定などが表示されます。
⑤ 画面を下から上に押し上げてホーム画面を表示します。

→ iPhone本体下部に丸いホームボタンのある iPhone の場合、ホームボタンを押してホーム画面を表示します。

▼カメラ　　▼通知センター　　▼ウィジェット

17

レッスン 5　Wi-Fi とは

Wi-Fi（ワイファイ）とは無線でインターネット回線につながる仕組みです。Wi-Fi の「Wi」は「Wireless」（ワイヤレス）の「Wi」です。コードレス電話にコードがないのと同様に、ワイヤー（線）がなくてもインターネットに接続される規格のことをいいます。

1　Wi-Fi を使うメリット

iPhone は携帯電話会社（ドコモ、au、ソフトバンクなど）の回線を使って通信しています。外出先でインターネットを使って Web ページを見たり、メッセージやメールをしたりできるのは、携帯電話回線を利用してインターネットにつながっているからです。

月々支払っている携帯電話料金に応じて、ひと月に利用できるデータ通信量は決まっています。ビデオ通話や動画の視聴などは多くのデータ通信量を消費します。例えば、外出先などでWi-Fi を利用しないで動画を長時間見たりすると、ひと月に契約しているデータ通信量を超えてしまうことがあります。その場合、月が変わるまではインターネットの接続が遅くなったり、データ通信量の追加料金の案内が来たりします。

自宅に Wi-Fi の設備があれば、携帯電話会社のデータ通信を使わずに、Wi-Fi を使って高速で大容量のデータを伴う通信ができます。これが Wi-Fi を使うメリットです。

現在多くの商業施設、店舗、駅などで、無料で利用できる Wi-Fi（フリーWi-Fi）が提供されています。Wi-Fi が使える場所では、上手に Wi-Fi を利用しましょう。ただし、セキュリティは脆弱なので、重要な通信やネットバンキングなどの取引は控えるようにしましょう。

海外旅行の際も、空港や宿泊先のホテルにある Wi-Fi などを利用した場合、多額の通信料をかけることなく無料でインターネットを利用することができます。

2　自宅や外出先での Wi-Fi の利用

プロバイダー（インターネット接続事業者）と契約し、インターネットが使える状態であれば、iPhone のために新たな通信契約をする必要はありません。無線ルーターという装置を使って、自宅のインターネット回線を無線にし、iPhone をインターネットに接続することができます。

右図のような無線ルーターの側面（または底面）を見ると、SSID（エスエスアイディ）と記載されているはずです。それが自宅で使える Wi-Fi の名前になります。

また、暗号化キー（KEY や PASS と記載されている場合もあります）が、その Wi-Fiのパスワードです。

Wi-Fi ルーターを購

製品型番	AMNOS-5555555
製造番号	XXXXXXXXXXXXX
プライマリ SSID（2.4GHz）	XXXXX-XXXXX-g
プライマリ SSID（5GHz）	XXXXX-XXXXX-a
暗号化キー	ABCDEFG12345678

入した時に、箱の中に入っていた書類や、Wi-Fiの設定を依頼した時にもらう書類などを手元に置いて、iPhoneのWi-Fi設定を行いましょう。

3 Wi-Fiの設定

iPhoneのWi-Fiの設定を確認しましょう。その場所で利用できるWi-Fiは、iPhoneの画面に自動的に表示されることになっています。
Wi-Fiネットワークの名前をSSID（エスエスアイディ）といいます。SSIDとパスワードがわかれば自分でWi-Fiに接続することができます。

① ホーム画面の [設定] をタップします。
② ［Wi-Fi］をタップします。
③ ［Wi-Fi］が オフの時は、タップして オンにします。
④ ［ネットワーク］の中から接続したいSSIDの名前を探してタップします。
　※iPhoneを使う場所によって、ここに表示されるSSIDの名前は異なります。
⑤ 使用したいSSIDのパスワードを入力し、［接続］をタップします。
⑥ 使用するSSIDにチェックが表示され、Wi-Fiに接続できます。

🔒が付いているSSIDは、パスワードが設定されています。

Wi-Fiの名前や必要なパスワードは、店舗の人に聞くと教えてくれたり、パスワードを記載したものを提示してくれたりします。また、壁面やテーブル、メニューの裏などに掲示されている場合もあります。
SSIDとパスワードがわかれば、その場所で使えるWi-Fiが自分で設定できますよ。

19

レッスン6　Apple Account の作成

Apple Account（アップルアカウント）は iPhone を使う時のパスポートのようなものです。iPhone を楽しむためには必須のものです。
なお、すでに Apple Account を持っている場合には、このレッスンを省略して構いません。
また Apple Account を持っていても、パスワードも含めて忘れてしまっている場合には、新規に作り直すこともできます。

1　Apple Account の確認方法

Apple Account にすでに使っているメールアドレス、携帯メールアドレスなどを設定することもできますが、新しいメールアドレスが1つ増えると考えて、新規取得しておくとよいでしょう。
すでに持っている携帯メールアドレスを Apple Account として使用した場合、契約している携帯電話会社が変わってしまうと使えなくなる場合があります。そのようなメールアドレスを Apple Account に指定しないよう、気をつけましょう。
すでに iPhone に設定してある Apple Account を確認する方法は次の通りです。
自分の Apple Account がわからない時は、次の手順で確認してください。なお、パスワードは設定の画面から調べることができません。iPhone を購入した時の書類で確認などをして、自分で設定したパスワードを必ず把握しておいてください。

① ホーム画面の ⚙ ［設定］をタップします。
② 自分の名前が表示されるのでタップします。
③ 名前の下に表示されているものが、その iPhone に設定されている Apple Account となります。パスワードは表示されません。

2　Apple Account の作成手順

操作に行う前に、アカウントとなるメールアドレスは何にするか、パスワードはどうするかあらかじめ考えておきましょう。

Apple Account にはすでに使っているメールアドレスを指定することもできますが、ここでは新規にメールアドレスを作成し、Apple Account にする方法を紹介します。メールアドレスとしても覚えやすいもの、使いやすいものを考えてみましょう。

Apple Accountはほかの誰かと同じものでなければ、好きなものを使うことができます。パスワードは8文字以上にする必要があり、英小文字が1文字以上、英大文字が1文字以上入っていなければいけません。また、「22」「aa」など、同じ文字を2回以上続けることはできません。

iPhone を使う上で、Apple Account はとても大切なものです。Apple Account はアプリの入手や iPhone を買い替えた際のデータ移行にも大変重要な役割を果たします。特にパスワードは設定した本人しか知り得ないものなので、忘れないように管理しておきましょう。なお、文字入力については第3章で詳しく説明しています。

① ホーム画面の ⚙ ［設定］をタップします。
② ［設定］の画面が表示されます。［Apple Account］をタップします。
③ ［Apple Account をお持ちでない場合］をタップします。
④ ［名前と生年月日］と表示されます。［姓］をタップして入力します。ひらがなのキーボードが表示されていない時は、🌐 をタップしてキーボードを切り替えます。
⑤ 変換候補の中から該当するものをタップします。
⑥ ［名］をタップして入力します。変換候補の中から該当するものをタップします。
⑦ ［生年月日］をタップします。

⑧ ［X 年 X 月］をタップします。
⑨ 年と月を上下に動かして自分の生年月にしたら、［X 年 X 月］をタップします。
⑩ 誕生日をタップします。［続ける］をタップします。
⑪ ［メールアドレス］と表示されます。［メールアドレスを持っていない場合］をタップします。

⑫ ［iCloud メールアドレスを入手］をタップします。
⑬ ［メールアドレス］をタップします。🌐 をタップしてキーボードを［English（Japan）］に切り替えます。キーボードの説明が表示されたら、［続ける］をタップします。
⑭ メールの欄にメールアドレスを入力します（3 文字以上です。先頭の文字に数字は使えません）。数字は 123 をタップして入力します。
⑮ 希望のメールアドレスを入力したら、［続ける］をタップします（ここで XXXXX と入力すると、メールアドレスは XXXXX@icloud.com となります）。
⑯ ［メールアドレスを作成］をタップします。
⑰ ［Apple Account パスワード］と表示されます。パスワードは 8 文字以上で、数字および英文字の大文字と小文字が最低 1 文字以上必要です。また同じ文字を 2 文字以上続けることはできません。大文字はキーボードの ⇧ を押してから入力します。確認のため同じパスワードをもう一度入力します。
⑱ ［続ける］をタップします。

3　電話番号の確認

携帯電話の番号が入力されていることを確認し、Apple Accountの作成を進めます。

① ［電話番号］に携帯電話の番号が表示されます。［続ける］をタップします。
② ［利用規約］が表示されます。確認をして［同意する］をタップします。
③ ［サインイン中］と表示されます。
④ Apple Accountが作成されます。確認後に［設定］をタップして設定の画面に戻ります。

iPhoneの設定は、あとからできるものも多いので、その時に判断できない場合は［あとでXXXでセットアップ］をタップしておきましょう。
作成した**Apple Account**とパスワードを控えておきましょう。特に**パスワードはとても大事なもの**です。人に見られないように、しっかり管理してください。

　　　　　　　　　　　　　　　年　　　月　　　日取得

Apple Account	@icloud.com
パスワード （大文字含む）	

「1（イチ）」と「I（アイ）」、「0（ゼロ）」と「O（オー）」など、後から間違えないように入力した通りの表記を覚えておきましょう。
紛らわしい場合はフリガナをふっておくとよいでしょう。

23

レッスン 7　iPhone のセキュリティ設定

iPhone を持ち歩いていると、紛失してしまったり、盗難といった可能性もあります。万が一に備えて、iPhone にセキュリティ対策として**パスコード**を設定しておきましょう。また、iPhone には**指紋認証**の機能が、iPhone X 以降には**顔認証**の機能があります。これらはロック画面の解除やアプリの追加（P82 参照）などに使うことができます。

1　パスコードの設定

パスコードを設定すると、最初に6桁の数字を入力しなければ iPhone が使えないようになります。**パスコードに使われるのは数字だけ**です。セキュリティのためにはとても有効なので、オフにしている場合は**必ず設定しておきましょう**。

① ホーム画面の　　　［設定］をタップします。
② ［Face ID とパスコード］をタップします。
　→　iPhone 本体下部に丸いホームボタンのある iPhone の場合、
　　　［Touch ID とパスコード］をタップします。
③ 画面を上に動かし［パスコードをオンにする］をタップします。
④ ［パスコードを設定］の画面で、パスコードにする 6 桁の数字を入力します。
⑤ もう一度、手順④で入力した 6 桁の数字を入力します。
⑥ Apple Account パスワードが表示されたら、パスワードを正しく入力し［サインイン］をタップします。

 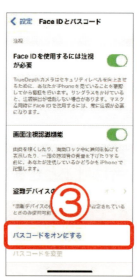 

⑦ ここで設定したパスコード（6 桁の数字）は、ロック画面を解除するときや、設定に関するメニューを利用するときに必要になります。大事なものなので忘れないようにしましょう。

2 顔の登録（ホームボタンのない iPhone）

iPhone に顔を登録すると Face ID（フェイスアイディー）になります。顔を見せるだけでロック画面が解除できたり、アプリを追加する時のパスワード代わりになったりします。

① ホーム画面の ⚙ ［設定］をタップします。
② ［Face ID とパスコード］をタップします。
③ パスコード（6桁の数字）を入力します。
④ ［Face ID をセットアップ］をタップします。
⑤ ［セットアップ方法］の画面が表示されるので［開始］をタップします。
⑥ 画面の指示に従ってゆっくりと顔を上下左右に動かし、顔をスキャンします。

⑦ ［マスク着用時に Face ID を使用する］と表示されたら、［マスク着用時に Face ID を使用する］をタップします（マスクを着用しなくても大丈夫です）。
⑧ 同じように、画面の指示に従ってゆっくりと顔を上下左右に動かします。
⑨ ［Face ID がセットアップされました］と表示されたら、［完了］をタップします。
⑩ 画面を下から上に押し上げて、ホーム画面に戻ります。
⑪ 本体右側のサイドボタンを軽く押します。画面が消えます。もう一度、サイドボタンを軽く押し、ロック画面を表示します。
⑫ iPhone の画面に視線を合わせると、ロックが解除されます。
⑬ ロックが解除されたら、画面を下から上に押し上げて、ホーム画面を表示します。

25

3 指紋の登録（ホームボタンのある iPhone）

iPhone に指紋を登録すると、Touch ID（タッチアイディー）になります。ホームボタンに指をのせるだけでロック画面が解除できたり、アプリを追加する時のパスワード代わりになったりします。指紋がうまく読み取れない場合も考えて、複数の指紋を登録しておきます。

① ホーム画面の 　　　［設定］をタップします。
② ［Touch ID とパスコード］をタップします。
③ パスコードを入力します。
④ ［指紋を追加］をタップします。
⑤ ［Touch ID］の画面でホームボタンに指をのせると指紋の読み取りを開始します。［指を置いてください］の画面で、指紋の線がすべて赤くなるまで指をホームボタンに触れては離す作業を繰り返します。

⑥ ［グリップを調整］の画面が表示されたら、［続ける］をタップします。
⑦ ［指を置いてください］の画面で、指をホームボタンに触れては離す作業を繰り返します。
⑧ ［完了］の画面が表示されたら、［続ける］をタップします。
⑨ 別の指紋を続けて登録するには［指紋を追加］をタップし、同様の作業を繰り返します。
⑩ 指紋の登録が終わったら、［＜設定］をタップします。
⑪ 本体のホームボタンを押してホーム画面に戻ります。
⑫ 本体右側のサイドボタンを軽く押します。画面が消えます。もう一度、サイドボタンを軽く押し、ロック画面を表示します。
⑬ 設定した指紋の指をホームボタンにのせます。ホーム画面が表示されます。

26

第2章

電話を使おう

レッスン1	電話をかける	28
レッスン2	電話を受ける	30
レッスン3	連絡先の使い方	33
レッスン4	ビデオ通話の使い方	39

レッスン1　電話をかける

iPhoneには携帯電話にあるような数字のキーが見当たらないため、最初は電話をかけるのに戸惑うかもしれません。電話のかけ方・受け方も最初は慣れないかもしれませんが、便利な機能を使いこなしてみましょう。電話をかけるには電話アプリを使います。

1　キーパッドの番号を押して電話をかける

電話番号はキーパッドという数字のキーを使います。連絡先に登録してある相手であれば、発信中の画面に名前が表示されます。登録していなければ電話番号が表示されます。

① ホーム画面の　[電話]をタップします。
② [キーパッド]をタップし、数字のキーが表示されたら相手の電話番号をタップします。
③ 押し間違えた時は　✕　をタップして数字を削除します。
④ 　をタップして電話をかけます。
⑤ [発信中]と表示されます。連絡先に登録してある相手の場合、名前が表示されます。電話がつながると、通話画面に通話時間が表示されます。
⑥ 通話が終わったら　　をタップして電話を切ります。

数字を表示したい時は[キーパッド]

電話をかける時は 緑色の受話器

電話を切る時は 赤色の受話器と覚えておきましょう。

28

2 発着信履歴から電話をかける

電話の［履歴］をタップすると発信、着信の履歴が確認できます。
赤色の文字で表示された電話番号は、電話に出ることができなかった**不在着信**です。

① ホーム画面の 📞 は不在着信が3件あったことを示します。タップします。
② 画面下の［履歴］をタップします。赤色の文字や電話番号が不在着信です。
③ 履歴の中から電話をかけたい相手をタップすると、電話がかけられます。

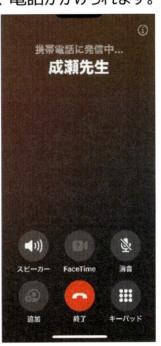

3 連絡先から電話をかける

連絡先に登録されている電話番号から相手を選択してかけることができます。

① 画面下の［連絡先］をタップし、電話をかけたい相手をタップします。
② 電話番号をタップします。
③ 発信されます。

レッスン2　電話を受ける

画面が暗くなっている時でも、電話がかかってくれば画面が切り替わります。ただし電話がかかってきても、いつでも出られるとは限りません。このような時はあらかじめ用意されたメッセージを相手の電話番号宛に送ることができます。

1　かかってきた電話を受ける

電話がかかってくると、相手の名前が連絡先に登録されていれば画面に表示されます。連絡先に登録されていない場合は、電話番号が表示されます。

① 電話がかかってくると画面の上に通知が表示されます。通知をタップします。
② 着信の画面になります。[応答]をタップします。
③ ロック画面の時に電話がかかってきたら、[スライドで応答]を右へ動かします。
④ 相手の声が聞こえ、通話ができます。

▼使用中の画面の時

▼ロック画面の時
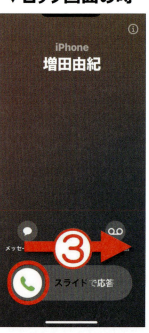

[メッセージを送信]
タップすると、「現在電話に出られません。」など用意された文面からショートメッセージを送ることができます。なお、固定電話には送れません。

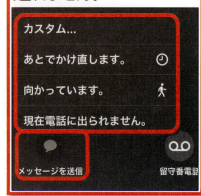

▼着信中の画面

[拒否]
電話に出られない時にタップします。設定してあれば留守録のメッセージが流れます。

[ライブ留守番電話]
[留守番電話]をタップすると、相手が留守番メッセージを残している最中に、その内容が書き起こされるので、通話の内容をすぐに把握できます。

もしもし、増田です。今向かっていますが、電車が遅れているので少し到着が遅れると思います。すいません。

2 通話中の画面

通話中の画面にあるメニューは、それぞれ次の通りです。
電話を終了する時は 📞 をタップします。

通話中でもホーム画面を表示することができます。**ホーム画面になっても、通話が切れることはありません。**ホーム画面の左上に表示される 📞 0:20 **時刻をタップ**すると、また通話中の画面に戻ることができます。

▼通話中の画面

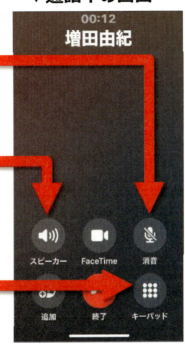

[消音] マイクを消音にして、通話中にこちらの声が相手に聞こえないようにできます。

[スピーカー] スピーカーから相手の声が聞こえます。iPhoneを持たずに会話できます。通話の相手の声を周りの人に聞かせたい時にも便利です。

[キーパッド] 数字のキーを表示します。音声ガイダンスに沿って番号を入力しなければならない時など、通話中でもタップすれば数字のキーを表示させることができます。

タップすると通話に戻れます。

ワンポイント　不在着信や留守番電話サービス

電話がかかってきたことに気がつかなかった場合、画面に不在着信の通知が表示されます。
相手の名前が表示されている時は連絡先に登録した相手です。電話番号しか表示されていない時は連絡先に登録していない相手で、右に動かすとそのまま相手に電話をかけられます。
また、電話に出られない時や、電源を切っていた時、電波の届かないところにいた時にかかってきた電話には、次のような各社の留守番電話サービスがあります。

▼不在着信の画面

	申し込み	月額	録音時間	保存件数	保存期間
ドコモ	必要	330円	最長3分	最大 20件	72時間
ソフトバンク	必要	330円	最長3分	最大100件	1週間
au	必要	330円	最長3分	最大100件	1週間

※いずれも2024年10月末現在の税込価格

31

3 消音（マナー）モードとバイブレーション

電車の中や美術館、映画館など、呼び出し音が鳴っては困る時は消音（マナー）モードにしておきましょう。マナーモードはスイッチを切り替えるだけなのでとても簡単に設定できます。また呼び出し音とともにバイブレーション（振動）がしますが、静かな場所ではこのバイブレーションも意外と目立つものです。バイブレーションの設定方法も覚えておくとよいでしょう。
なお、消音モード時でも、カメラのシャッター音、アラーム音、タイマーの終了音、音楽の再生はオフにならないので気をつけてください。

① 本体左側の［着信／サイレントスイッチ］を切り替えます。［着信／サイレントスイッチ］は左右に動かせます。オレンジ色が見えている状態が、消音（マナー）モードです。

② ホーム画面の ⚙ ［設定］をタップします。
③ ［サウンドと触覚］をタップします。
④ ［触覚］をタップします。
⑤ 初期設定では［常に再生］にチェックが表示されています。
電話の呼び出し音と同時に振動させたくない場合は［再生しない］をチェックし、消音モードでも振動させたくない場合は［消音モードのときに再生しない］をチェックします。

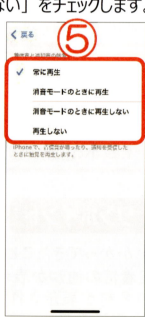

電話にすぐ出られない時は、サイドボタンまたは音量ボタン（上下どちらでも）を押すと、呼び出し音が聞こえなくなります。

呼び出し音を止めただけなので、 📞 をタップすると、電話を受けることができます。

レッスン3　連絡先の使い方

連絡先には、電話番号やメールアドレスだけでなく、住所や誕生日なども追加できます。
住所を入れておけば、連絡先からすぐに地図を表示することもできます。
よく連絡する人を［よく使う項目］に追加しておくこともできます。
単なる電話帳、アドレス帳というよりも、相手に関する連絡手段を一括で管理できる便利なアプリです。

1　［よく使う項目］への登録

よく使う連絡先は、その相手の電話番号を［よく使う項目］に追加しておきましょう。毎回履歴や連絡先の中から探すよりも簡単に電話をかけることができます。

履歴から登録する場合は、ⓘ をタップしてメニューを表示します。この時「名前」や「電話番号」をタップすると、相手に電話がかかってしまうので注意してください。

① ホーム画面の 📞 ［電話］をタップします。
② ［連絡先］をタップします。よく電話をかける相手をタップします。
③ ［履歴］からの場合は ⓘ をタップします。
④ 画面を上に動かし、［よく使う項目に追加］をタップします。
⑤ 連絡を取る手段（ここでは［電話］）をタップします。
⑥ 自宅や携帯電話など電話番号が複数ある場合、［よく使う項目］に追加したい電話番号（ここでは［携帯電話］）をタップします。

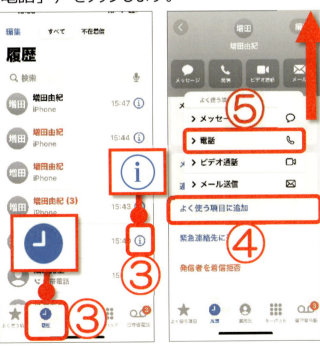

33

⑦ ［よく使う項目］をタップし、連絡を取る相手とその手段（ここでは携帯電話）が追加されたことを確認します。
⑧ 相手の名前をタップすると、すぐに電話ができます。
⑨ ［よく使う項目］から削除する時は、相手の名前を左に動かして［削除］をタップします。

2 連絡先でできること

iPhone の［連絡先］でできることの一例です。連絡先に登録した情報をタップすると、関連のあるアプリを開くことができます。

① **メッセージ**
携帯電話番号でメッセージのやり取りができます。また、Apple Account 同士でもメッセージのやり取りができます。

② **発信**
電話番号または 📞 をタップすると通話ができます。

③ **ビデオ通話（FaceTime）**
Apple Account 同士なら無料のビデオ通話ができます。

④ **メール**
メールアドレスがあれば、メールの送受信ができます。

⑤ **自宅**
住所をタップすると地図が表示されます。

34

3 連絡先の新規追加

連絡先を新しく作成してみましょう（文字入力の方法は P42 参照）。
用意された項目名（ラベル）以外のものを選ぶこともできます。ここでは項目名の［勤務先］を［携帯］に変えて、携帯電話を登録しています。

① ［連絡先］の［＋］をタップします。
② ［姓］［名］をタップし、名前を入力します。読みがカタカナで自動的に入力されます。読みが違っている時は、カタカナの読みをタップして修正します。
③ ［電話を追加］をタップします。
④ 項目名が［携帯電話］に変わります。電話番号を入力します。

⑤ もう一度［電話を追加］をタップします。項目名が［自宅］に変わります。
⑥ ［自宅］をタップします。
⑦ 別の項目名（ラベル）が選択できます。ここでは［勤務先］をタップします。
⑧ 項目名が［勤務先］に変わります。電話番号を入力します。

35

⑨ 項目を増やしすぎた場合、⊖ をタップして［削除］をタップします。
⑩ ［メールを追加］をタップすると、［自宅］に変わります。
⑪ キーボードを切り替えてメールアドレスを入力します。

⑫ 画面を上に動かし、［住所を追加］をタップします。
⑬ キーボードを切り替えて［自宅］に住所を入力します。
⑭ ［完了］をタップします。
⑮ 連絡先が追加されます。

4　既存の連絡先の編集

電話番号や住所が変わった、追加したい情報がある、などの場合は、既存の連絡先を編集することができます（ここでは自分の情報を編集しています）。

① ［連絡先］の自分の名前をタップします。
② ［編集］をタップします。
③ ［電話を追加］［メールを追加］［住所を追加］など、編集したい項目をタップして必要な情報を入力します。ここでは［誕生日を追加］をタップします。
④ 日付は表示された年月日を上下に動かして設定します。
⑤ 最後に［完了］をタップし、連絡先の編集を終了します。

36

ワンポイント　連絡先をあいうえお順に並べるには

フリガナがない連絡先は、あいうえお順には並ばずに、一番下の「#」の項目に表示されます。連絡先をあいうえお順に並べたい場合は、[編集]をタップして編集画面でフリガナを入力し、編集を完了します。

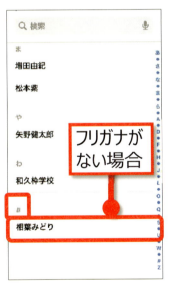   

また、あいうえお順に並べなくても、連絡先の上にある[検索]ボックスに名前の一部を入力すれば、いつでも連絡先を検索することができます。

 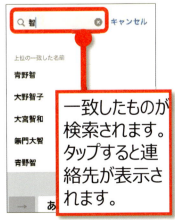

5　履歴から連絡先への追加

電話をかけたり、かかってきたりした相手が連絡先に登録されていない場合、履歴に残った電話番号から連絡先に追加することができます。

① ［履歴］をタップします。
② 登録したい電話番号の （i） をタップします。
③ ［新規連絡先を作成］をタップします。
　連絡先に名前はあるが電話番号が登録されていない、などの場合は［既存の連絡先に追加］をタップします。
④ 姓名など必要な項目を入力し、電話番号を確認して［完了］をタップします。
⑤ 履歴から連絡先が登録されます。

6　連絡先の削除

必要がなくなった連絡先はいつでも削除できます。

① 削除したい連絡先をタップし、［編集］をタップします。
② 画面を上に動かし、一番下にある［連絡先を削除］をタップします。
③ もう一度［連絡先を削除］をタップします。

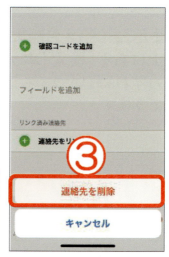

38

レッスン4　ビデオ通話の使い方

iPhone および iPad 同士なら誰でも簡単に、しかも無料でビデオ通話の FaceTime（フェイスタイム）が楽しめます。FaceTime は最初から iPhone、iPad に追加されています。カメラもマイクも内蔵されている iPhone や iPad では、ビデオ通話をするのに特別な用意は必要ありません。最大32名と一緒にビデオ通話を楽しむことができます。
出かけられない時にビデオ通話で親しい人とコミュニケーションしたり、遠くに住んでいる家族や友人と顔を見て話したり、離れた場所からでも集まりに参加することができます。

1　ビデオ通話のかけ方

FaceTime はインターネット回線を利用するビデオ通話なので、1分ごとに料金がかかる通話ではありません。インターネットにつながっていれば、無料で通話できます。
iPhone の場合は携帯電話番号が FaceTime に登録されるので、すぐに利用することができます。また登録した Apple Account でも FaceTime が利用できます。
お互いが iPhone なら、FaceTime ができる相手には連絡先に　　が表示され、タップするだけですぐにビデオ通話の画面に切り替わります。
携帯電話番号のないタブレット端末の iPad と iPhone の間でも FaceTime を利用することができます。iPhone の人とは携帯電話番号を、iPad の人とは Apple Account を交換しておくとよいでしょう。
FaceTime が使えるのは、次の端末です。

- iPhone（2010年発売の iPhone 4 以降）
- iPad（2011年発売の iPad 2 以降）および iPad mini
- iPod touch（2010年発売の第4世代以降）

① ホーム画面の　　［電話］をタップします。
② ［連絡先］からビデオ通話をしたい相手をタップし、　　［ビデオ通話（FaceTime）］をタップします。
③ 選択肢が表示されたら、［FaceTime］をタップし、携帯電話番号をタップします。

④ 相手がビデオ通話に出ると相手の顔が表示され、ビデオ通話ができます。

⑤  をタップすると、ビデオ通話が終了します。

2　ビデオ通話の受け方

ビデオ通話がかかってきたら、次のようにして応答します。

① ビデオ通話がかかってきたら、［参加］をタップします。
② ロック画面の時にビデオ通話がかかってきたら、［スライドで応答］を右へ動かします。
③ ロック画面以外の時にビデオ通話がかかってきたら、画面上部に表示される 🎥 をタップするか、画面上部の通知を下に動かして 🎥 をタップすると、ビデオ通話が受けられます。

お互いが iPhone なら、面倒な設定をしなくても、手軽にビデオ通話が楽しめます。その場の様子を伝えたり、顔を見て話せるのは楽しいものです。ぜひ気軽に使ってみましょう。

第3章

インターネットで情報を調べよう

レッスン1	文字の入力方法	42
レッスン2	Webページで情報検索	53
レッスン3	Safariの便利な機能	56

レッスン 1　文字の入力方法

iPhoneで文字を入力してみましょう。iPhoneには最初からキーボードが表示されていませんが、文字を入力できる場面になると自動的にキーボードが表示されます。また、スマートフォン独自の入力方法のフリック入力にもチャレンジしてみましょう。

1　キーボードの種類

iPhoneには日本語を入力するための日本語かな、英語を入力するための English (Japan)、絵文字を入力する絵文字のキーボードがあります。ローマ字入力に慣れた人には、日本語ローマ字のキーボードもあります。また、設定次第でキーボードを追加することができます。まず、メモの画面でキーボードの種類を確認しましょう。

① ホーム画面の　　　［メモ］をタップします。
② ［ようこそ"メモ"へ］と表示されたら、［続ける］をタップします。
③ 　　　をタップします。
④ キーボードは　　　をタップするたびに種類が切り替わります。
⑤ キーボードの切り替えのメッセージが表示されたら、［続ける］をタップします。

■ ［日本語かな］キーボード

［日本語かな］キーボードは、「あかさたな」のキーが並んだキーボードです。

アルファベットを入力するには ABC 、数字を入力するには ☆123 、ひらがなを入力するには あいう のキーをタップして文字の種類を切り替えます。

■ ［English（Japan）］キーボード

［English（Japan）］キーボードは、英語の入力できる状態です。［space］というキーがあります。入力した最初の文字が大文字で表示されるようになっています。途中で**大文字を入力**したい時は ⬆ を押したまま入力します。

すべて大文字で入力したい時は ⬆ を2回タップして ⬆ にしてから入力します。

123 #+= ABC のキーをタップすると、数字、記号、アルファベットに切り替えられます。

43

■ ［日本語ローマ字］キーボード

［日本語ローマ字］キーボードは、パソコンの文字入力に慣れている方にお勧めです。［English（Japan）］キーボードと似ていますが、［空白］や［改行］というキーがあります。［日本語ローマ字］キーボードを追加する方法は次の通りです。

① 🌐 を長めに押します。
② ［キーボード設定］をタップします。
③ ［キーボード］をタップします。
④ ［新しいキーボードを追加］をタップします。
⑤ ［日本語］をタップします。
⑥ ［ローマ字入力］をタップし、［完了］をタップします。
⑦ キーボードを追加したら、左上の［＜キーボード］→［＜戻る］→［＜設定］の順にタップして、［設定］の画面に戻ります。
⑧ ホーム画面の［メモ］をタップし、🌐 をタップして［日本語ローマ字］キーボードが追加されたことを確認します。

123 #+= あいう のキーをタップすると、数字、記号、アルファベットに切り替えられます。

■ ［絵文字］キーボード

🌐 を長めに押して［絵文字］キーボードに切り替えると、メールやメッセージなどに使用する絵文字が入力できます。左に動かすと、絵文字の一覧を表示できます。絵文字は、受け取った相手によっては正確に表示されないことがあります。

2 声での入力

キーボードから入力する代わりに音声入力を利用してみましょう。音声入力を利用する時は、日本語の入力できる状態（［日本語かな］キーボードまたは［日本語ローマ字］キーボード）にしておきます。また、インターネットに接続できない場所などでは音声入力を利用することはできません。

iPhone の音声入力は、ある程度長い文章を話しても上手に変換してくれます。
音声入力する時のポイントは次の通りです。

> - ［日本語かな］または［日本語ローマ字］のキーボードの状態にします。
> - 🎤 をタップしたら、すぐに話しかけましょう。
> - 声を張り上げたり、極端にゆっくり話さなくても大丈夫です。
>   いつもの会話のような声の大きさとスピードで話しかけましょう。
> - 入力が終わったら、マイクのマークをタップして音声入力を終了します。

① 🎤 をタップします。［音声入力を有効にしますか？］と表示されたら、［音声入力を有効にする］をタップします。［Siri と音声入力の改善］と表示されたら、［今はしない］をタップします。
② 画面にマイクのマークが表示されたら、すぐに iPhone に「京都4大行事」と話しかけます。話しかけた言葉が次々と入力されます。
③ 画面に表示されるマイクのマーク、または画面右下のマイクをタップして、音声入力を終了します。
④ 話した通りに入力されたことを確認したら、キーボードの［改行］をタップします。

⑤ もう一度 🎤 をタップします。
⑥ すぐに「京都4大行事とは、葵祭、祇園祭、時代祭り、五山の送り火です。」と話しかけます。「、」は「てん」、「。」は「まる」と話して入力します。
⑦ 画面に表示されるマイクのマーク、または画面右下のマイクをタップして音声入力を終了します。
⑧ ［完了］をタップします。

ワンポイント　入力したメモのタイトル

メモの1行目に入力したものはタイトルになります。タイトルはメモ一覧に表示されるので、メモの内容を表すものを入力しておくとよいでしょう。

練習　次の内容を音声入力してみましょう。

新規メモを開き、「、」は「てん」、「。」は「まる」と言って入力します。改行したい時は「かいぎょう」と言います。

1 「音声入力の練習をしています。」
2 「大野さんこんにちは、増田です。先日はお世話になりました。」
3 「東京ディズニーランドのハロウィーンパーティーイベントを見てきました。」
4 「二宮と松本さんは105号室、櫻井さんと相葉さんは205号室で予約してあります。」
5 「今回はあいにく参加できませんが、皆様にぜひよろしくお伝えください。次回の会合で皆様にお会いできるのをとても楽しみにしております。お忙しい日々と存じますが、お体にお気をつけてお過ごしください。」

46

ワンポイント　入力した文字を訂正するには

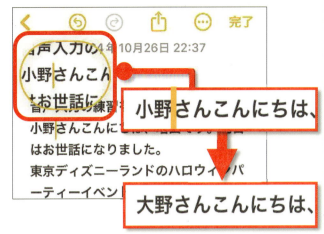

入力した文字の一部分を削除するには、消したい文字の後ろに、文字入力のための縦棒（カーソル）を移動します。⌫ をタップするたびに1文字ずつ削除されます。

削除したい文字のそばを軽くタップすると、その場所に縦棒が移動します。

削除したい文字のそばを長めに押していると、拡大鏡が表示され、縦棒の位置が見やすくなります。長めに押したまま指を動かすと拡大鏡ごと縦棒の位置が移動します。

文字は縦棒のある場所に入力されます。⌫ をタップして文字を削除し、新しく文字を入力しなおします。

ワンポイント　入力した文字を再変換するには

入力を確定した文字を訂正したい時は、入力し直さず再変換してみましょう。
対象となる文字を素早く2回タップすると、単語単位で選択できます。

① 変換し直したい単語を、素早く2回タップします。単語単位で選択されます。
② 上手に選択できない場合は、前後の ● を動かして選択します。
③ キーボードの上に別の変換候補が表示されます。タップすると、その変換候補で確定されます。

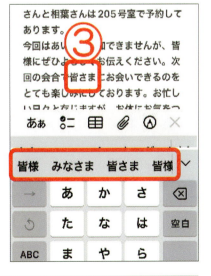

素早く3回タップすると、段落単位で選択できます。

3　［日本語かな］キーボードを使った文字の入力

ひらがなが表示される［日本語かな］キーボードを使って、文字を入力してみましょう。
文字を入力したら、キーボードの上に表示される変換候補をよく見てみましょう。

① ［日本語かな］キーボードの状態で「あなた」と入力します。入力を間違えた時は をタップすると、1文字ずつ削除できます。
② キーボードの［確定］をタップします。ひらがなのまま文字が確定されます。
③ キーボードの［空白］をタップします。1文字分の空白が挿入されます。
④ 「なら」と入力します。
⑤ キーボードの上に表示される変換候補で目的の文字（ここでは「奈良」）をタップします。文字が確定されます。

⑥ キーボードの［空白］をタップします。1文字分の空白が挿入されます。

　次の文字を入力してみましょう。

1　袴（はかま）　　　2　柔（やわら）　　　　3　山々（やまやま）
4　刀（かたな）　　　5　安宅（あたか）　　　6　朝霞（あさか）
7　芦原（あわら）　　8　酒田（さかた）　　　9　佐原（さわら）
10　八坂（やさか）　　11　谷中（やなか）　　　12　花輪（はなわ）
13　塙（はなわ）　　　14　田原（たわら）　　　15　俵（たわら）
16　明石（あかし）　　17　証（あかし）　　　　18　赤坂（あかさか）
19　笠原（かさはら）　20　澤山（さわやま）　　21　山中（やまなか）
22　偶さか（たまさか）23　浅はか（あさはか）　24　柔か（やわらか）

4 フリック入力を使った文字の入力

スマートフォン独自の入力方法を**フリック入力**といいます。携帯電話のように何度もキーを押して目的の文字を入力する方法ではなく、**文字のボタンを上下左右にずらしながら入力**します。例えば「お」という文字を入力する場合、携帯電話では、「あ」を何度も押して「お」を入力しますが、フリック入力は「あ」から「お」に指を滑らせる感じで入力します。
フリック（flick）とは「素早く動かす、弾く」という意味です。

① 「上野」と入力します。「あ」に触れたままにします。「あ」の周囲に「い」「う」「え」「お」が表示されます。
② 指を上に動かし、「う」が青色になったら指を離します。
③ 「あ」に触れたままにします。文字が表示されたら指を右に動かし、「え」が青色になったら指を離します。
④ 「な」に触れたままにします。文字が表示されたら指を下に動かし、「の」が青色になったら指を離します。
⑤ 表示される変換候補で目的の文字（ここでは「上野」）をタップします。

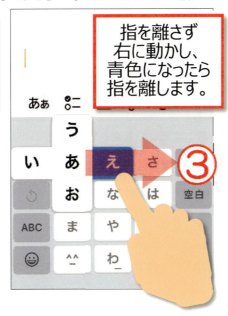

「やゆよ」などの拗音、促音の「っ」、「がぎぐげご」などの濁音、「ぱぴぷぺぽ」などの半濁音を入力したい場合は、もとになる文字を入力した後で ［゛゜小］ をタップします。

「つ」→［゛゜小］→「っ」→［゛゜小］→「づ」　　「は」→［゛゜小］→「ば」→［゛゜小］→「ぱ」

 次の文字を入力してみましょう。

| 1 秋田 | 2 福井 | 3 長野 | 4 静岡 | 5 鹿児島 | 6 神奈川 |
| 7 兵庫 | 8 京都 | 9 東京 | 10 九州 | 11 北海道 | 12 日本列島 |

5 変換候補を使った入力

人名などの何通りもの書き方があるものは、変換候補の中から該当するものを選ぶことができます。カタカナの変換も、変換候補の中から選択します。
学習機能により、よく入力するものは選択肢の最初に表示されるようになります。予測入力を使えば文字入力が楽になります。
また、一度入力したものは変換候補に表示されるようになっています。漢字・ひらがな・カタカナ・英語などが混じった文章の入力でも、毎回文字の種類を切り替えずに、キーボードの上に表示される変換候補から選択することができます。文字を入力する時は、利用できるものがないかどうか、キーボードの上をよく確認してみましょう。

① 「さとし」と入力します。
② 変換候補が表示されます。 ∨ をタップすると、さらに表示されます。変換候補から目的の文字をタップして入力します。
③ ∧ をタップすると、キーボードが表示されます。
④ 何度か入力した言葉は、最後まで入力しなくても、変換候補に表示されるようになります。

⑤ 「すまほ」と入力すると、変換候補にカタカナが表示されます。
⑥ 入力中でも、変換候補の中に該当するものが表示された場合にはタップします。

ワンポイント　かぎかっこ、句読点、数字を入力するには

かぎかっこは「や」のキーの左右に用意されています。「や」を左に動かすと「かぎかっこ」が、「や」を右に動かすと「閉じかっこ」が入力できます。
かぎかっこを入力すると、キーボードの上に表示される変換候補に、**ほかの種類のかっこ**が表示されます。

｜、。?!｜をタップすると「、（読点）」、左に動かすと「。（句点）」、右に動かすと「！」、上に動かすと「？」が入力できます。

数字を入力する時は｜ABC｜や｜☆123｜をタップして文字の種類を切り替えます。
日付や時刻を入力したい時は、3桁や4桁の**数字をそのまま入力**します。時刻や日付の変換候補が表示されます。漢数字も数字のまま入力し、変換候補の中から漢数字のものを選びます。

｜∨｜をタップすると、ほかの変換候補が表示されます。該当するものをタップすると入力できます。

  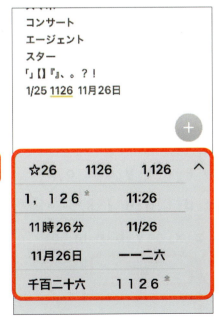

 練習　次の文字を入力してみましょう。

かぎかっこ以外のかっこは、「や」のキーの左右にある「　」を入力すると、変換候補として表示されます。「！」「？」は句読点のキーに触れていると表示されます。「★」は「ほし」、「♪」は「おんぷ」と入力します。

1　「今日は何時に帰りますか？」「夜の12時過ぎると思います！」「本当ですか！？」
2　1月1日（月）は親戚一同で、1月8日（月）は友人と新年会をする予定です。
3　10時半に京都に到着。11時50分にウェスティンホテルでミーティングです。
4　サンセットクルーズとディナーショーがパックになったツアーで68,980円です。
5　ルーブル美術館で行われたファッションショーのモデルはGoodでした。
6　Apple社の製品では、iPad、iPhone、AirPods（イヤフォン）を持っています。
7　京都の祇園祭「山鉾巡行」は9：00に出発です。★時間厳守★です。
8　彼の誕生日は11月26日で、今年で≪43歳≫になりますよ♪

6　［日本語ローマ字］キーボードを使った文字の入力

［日本語ローマ字］キーボードを使って文字を入力してみましょう。

① 🌐 をタップし、キーボードを［日本語ローマ字］の状態にします。キーボードに［空白］が表示されているのが［日本語ローマ字］キーボードです。
②「arashi」（あらし）と入力します。
③ 入力するたびにキーボードの上に変換候補が表示されます。変換候補の中から「嵐」をタップします。
④ 文字が確定されます。

レッスン2　Webページで情報検索

いつでも、どこでも、調べたい時にインターネットが使えるのはとても便利です。
iPhoneはいつも手元にあるので、思い立った時にすぐ検索ができます。キーワードを入力して情報を調べてみましょう。

1　Webページの検索（キーワード検索）

iPhoneのWebページの入口はSafari（サファリ）です。［検索］ボックスに調べたいキーワードを入力してWebページを検索します。ここでは「パソコムプラザ」というキーワードを使ってページ（筆者の教室）を検索してみましょう。

> - 検索結果が表示されたら、店舗などなら「ウェブサイト」「公式」などの文字をタップするか、青くなっている文字をタップして、該当のページを閲覧します。
> - 検索結果の上部には広告が表示されることが多いので、画面を動かして目的のWebページを見つけます。

① ホーム画面の　　　［Safari］をタップします。
② 日本語が入力できる状態で、画面下の［検索/Webサイト名入力］と表示されている［検索］ボックスをタップします。
③ キーボードが表示されます。「ぱそこむぷらざ」と入力します。
④ 表示された「パソコムプラザ」をタップします。
⑤ 位置情報の利用を問うメッセージが表示されたら、［アプリの使用中は許可］や［許可］をタップします。
⑥ ［Googleアプリでさまざまな検索方法を試してみましょう］と表示されたら、［Safariに留まる］をタップします。

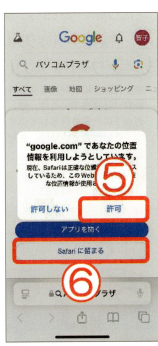

53

2　Webページの見方

表示されたWebページにはさまざまな情報が掲載されています。画面を上方向に動かしたり、拡大したりしながら、Webページを見てみましょう。

① 検索結果が表示されます。画面を動かし、［パソコムプラザ］をタップします。
② Webページが表示されます。
③ 画面を上に動かすと、表示されていない部分の内容を見ることができます。読みたい見出しやメニューをタップすると、そのWebページが表示されます。
④ 指で広げると、拡大して読めます（拡大できないWebページもあります）。

⑤ 前のWebページに戻りたい時は　＜　、進みたい時は　＞　をタップします。＜　＞が表示されない時は、画面を軽く下に動かすと表示されます。
⑥ 次のキーワードを入力するには［検索］ボックスをタップします。［検索］ボックスが見当たらない場合は、画面を軽く下に動かすと表示されます。
⑦ ［検索］ボックスに入力されている文字は、✕をタップして削除します。
⑧ キーワードを入力したら、キーボードの［開く］をタップします。

日本語で検索する以外に、**URL（ユーアールエル）**を使う方法もあります。Webページには1つ1つ、インターネット上の住所に当たる**URL**というものがあります。ホームページアドレスともいいます。例えばP53で入力した「パソコムプラザ」のURLは**「https://www.pasocom.net」**となります。
キーワードで検索し、たくさんのWebページから該当するものを見つけるのと違って、URLを正確に入力すれば、そのWebページを直接表示させることができます。なお、「http://」や「https://」の入力は省略できます。
URLには漢字やひらがなは使われていないので、日本語入力はオフの状態で、アルファベットや数字のキーボードを使います。

3　Webページの検索（音声検索）

キーボード入力ではなく、音声を使って検索することもできます。iPhoneに向かって検索キーワードを話しかけると、音声が入力されるだけでなく、そのまますぐに検索結果のWebページが表示されます。これを音声検索といいます。
ここでは「増田由紀ブログ」と音声検索して表示されるWebページ（筆者のブログ）を見てみましょう。

① 画面下の［検索］ボックスをタップし、🎤 をタップします。
② すぐにiPhoneに「増田由紀ブログ」と話しかけます。
③ 話しかけたキーワードが入力され、すぐに検索結果のWebページが表示されます。表示された中から、目的のWebページのタイトルをタップします。
④ Webページが表示されます。

55

レッスン3　Safariの便利な機能

インターネットは情報の宝庫です。閲覧したWebページをまたすぐに読めるように**お気に入りに追加**したり、見やすく文字を大きくしたり、よく見るページを**ホーム画面に追加**したりして、Safariを便利に使ってみましょう。

1　お気に入りへ追加

後でゆっくり見たいWebページ、よく見るWebページなどがあったら、その都度検索していては面倒です。
気に入ったWebページは、本にしおりをはさむ感覚で登録しておくことができます。
Webページを登録しておける場所は、**お気に入り**と**ブックマーク**の2つから選択できます。
Webページをお気に入りに登録する時は、検索結果の一覧ではなく、該当するWebページを画面に開いてから □↑ をタップします。

① お気に入りに追加したいWebページを開き、画面下の □↑ をタップします。
② ［お気に入りに追加］をタップします。
③ お気に入りに追加される時の名前を確認し、［保存］をタップします。
④ 同様にしていくつかのWebページを［お気に入り］に追加します。
　　例）・お住まいの市町村のWebページ
　　　　・かかりつけの病院のWebページ
　　　　・お気に入りのお店のWebページ
　　　　・ご家族の会社や学校などのWebページ

⑤ 画面下の [ブックマーク] をタップします。[お気に入り] が表示されます。表示されていない時は [お気に入り] をタップします。

⑥ [お気に入り] に追加した Web ページが確認できます。タップすると、そのWeb ページが表示されます。

お気に入りに入れる時は
お気に入りを見る時は
ですね。

2　追加した Web ページの削除

[お気に入り] に追加した Web ページは次の手順で削除することができます。

① 画面下の [ブックマーク] をタップします。
② [お気に入り] の一覧が表示されている状態で、削除したい Web ページのタイトルを左に動かします。
③ 表示された [削除] をタップします。
④ [完了] をタップします。

57

ワンポイント　ブックマークとお気に入りの違い

後からまた見たい Web ページは［ブックマーク］と［お気に入り］に追加できます。
［ブックマーク］という大きなくくりの中に［お気に入り］があると思ってください。
また、右図のように［お気に入り］に追加した Web ページは［検索］ボックスをタップすると、すぐその上に表示されます。
素早く目的のページを見たい時は、［お気に入り］に追加しておくと便利です。

3　Web ページの文字サイズの変更

画面を指で広げれば大きくすることができますが、メニューを使えば画面を拡大せずに、文字の大きさだけを変更することができます。

① 画面左下の [アイコン] をタップします。
② 画面下に［ぁあ］が表示されます。
③ 大きい［あ］をタップしていくと文字が大きくなります。
④ 小さい［あ］をタップしていくと文字が小さくなります。

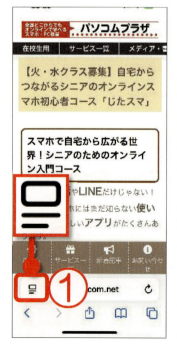
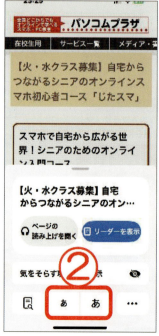

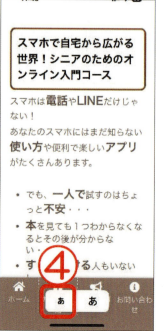

4 Webページの履歴の利用

閲覧したWebページは履歴として残っています。検索したページを保存し忘れた場合、最初から探すのは大変ですが、履歴を使えばそのページを簡単に見つけることができます。
履歴を残しておきたくない場合は、特定のページを削除したり、一定期間内の履歴を一度に削除したりできます。

① 画面下の [ブックマーク] をタップします。
② [履歴] をタップします。
③ Webページの履歴が表示されます。画面を上に動かし、[履歴]の中から見たいWebページをタップすると、Webページが表示されます。
④ 履歴の一覧から削除したい履歴のタイトルを左に動かし、[削除]をタップします。

履歴を1つずつ削除するのが大変な時は、履歴の左下の[消去]をタップしましょう。
「**過去1時間**」「**今日**」「**今日と昨日**」「**すべての履歴**」という単位で、まとめて削除できますよ。
　[履歴を消去]をタップし、作業が終わったら[完了]をタップしましょう。

5 ホーム画面へのWebページの追加と削除

頻繁に見るWebページは、ホーム画面にアイコンとして追加できます。Safariを開いて検索したり、お気に入りから選んだりしなくても、ホーム画面にあるアイコンをタップするだけで、いつでも見たい時にそのページを表示することができます。

① ホーム画面に追加したいWebページを表示し（ここでは著者の教室を表示しています）、画面下の 🔼 をタップします。

② 画面を上に動かし、［ホーム画面に追加］をタップします。

③ ［ホーム画面に追加］の画面が表示されたら、Webページの名前を確認し、［追加］をタップします。

④ 自動的にホーム画面に切り替わります。ホーム画面にWebページのアイコンが追加されています。アイコンをタップすると、Webページが表示されます。

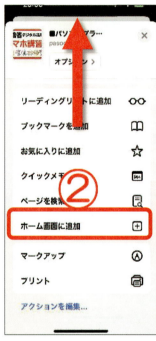

⑤ 同様にして、いくつかのWebページをホーム画面に追加します。

⑥ ホーム画面に追加したアイコンに長めに触れます。

⑦ ［ブックマークを削除］をタップします。

⑧ ［ブックマークを削除］と表示されたら、［削除］をタップします。アイコンが削除されます。

削除したいものに長めに触れます。

6　複数のWebページを閉じる

Webページを次から次へと開いていると、知らない間に重なって表示されていることがあります。例えば検索したWebページの中にあるタイトルをタップし、別のページを表示した後に、[<]をタップして戻ろうとしても戻れなくなっていることがあります。
このような時は画面右下にあるボタンを使って、探しているページが後ろに隠れていないかどうか確認できます。
また、開いたままになっている複数のWebページは、1つずつ閉じることも、一度に閉じることもできます。
ページを見終わるたびに閉じる必要はありませんが、多くのページを開いてしまっている時は、次のようにして閉じておくとよいでしょう。

① 画面下の ▢ をタップします。
② 重なって開いたままになっているWebページが縮小表示されます。タップしたWebページは大きく表示することができます。
③ 縮小表示されたWebページの右上の［×］をタップすると、開いているWebページを1つずつ閉じることができます。
④ ［完了］をタップし、元の画面に戻ります。

⑤ 画面下の ⬜ を長く押します。
⑥ ［XX個のタブをすべて閉じる］をタップします。
⑦ ［XX個のタブをすべて閉じる］をタップします。
⑧ 開いていたWebページがすべて閉じられます。

ワンポイント　［検索］ボックスが黒くなるプライベートブラウズモード

検索した履歴が残るのが嫌な場合には、**プライベートブラウズモード**にするとよいでしょう。プライベートブラウズモードで検索したWebページは、**履歴には残らないので、何を調べていたかもわかりません**。プライベートブラウズを利用している時はアドレスバーが黒色になるので、見分けがつきやすいです。

画面右下の ⬜ を長めに押し、［プライベート］をタップします。［"ロックされたプライベートブラウズ"をオンにする］と表示されたら、［今はしない］をタップします。

元に戻すには ⬜ を長めに押し［XX個のタブをすべて閉じる］または［スタートページ］をタップします。アドレスバーが白色に戻り、検索した履歴が残るようになります。

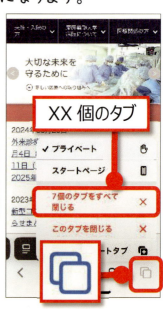

第4章

メールやメッセージを送ろう

レッスン1　メールの送受信 ……………………………… 64

レッスン2　メッセージの送受信 ……………………… 76

レッスン1　メールの送受信

iPhoneにはメールとメッセージがあります。相手がメールアドレスを持っていれば、誰にでもメールを送ることができます。文字数の制限がないので長文を書くことができます。また写真などのデータを送る時に利用すると便利です。
相手の携帯電話番号しか知らない場合は、メッセージを使ってやり取りができます。

1　メールとメッセージの違いについて

iPhoneには メールとメッセージの2つのアプリがあります。

メールは、メールアドレス宛に送るものです。メールアドレスには必ず「@」が入ります。長い文章を書くことができ、写真などを添えて送ることができます。メールアドレスには大きく分けて、次の3種類があります。携帯電話会社が提供するメールアドレスは、キャリアメールや携帯メールなどと呼ばれます。

メッセージは、携帯電話番号や Apple Account 宛に送るものです。契約している携帯電話会社や、相手が使っているスマートフォンによって、入力できる文字数に違いがあったり、写真を同時に送れるかどうか、絵文字を使えるかなども変わってきます。

メール 	**（1）主な携帯電話会社が提供するメールアドレス（キャリアメール）** 　ドコモの場合　　　：XXXXXX@docomo.ne.jp 　auの場合　　　　　：XXXXXX@ezweb.ne.jp 　ソフトバンクの場合：XXXXXX@softbank.ne.jp 　　　　　　　　　　　XXXXXX@i.softbank.jp 従来の携帯電話から機種変更してiPhoneにした場合、携帯電話会社を変更していなければ、メールアドレスを引き続き使用できます。 auの場合、XXXXXX@ezweb.ne.jp をメールかメッセージのどちらかのアプリで使うかを決めることできます。
	（2）契約しているインターネット接続会社（プロバイダ）が提供する 　メールアドレス（nifty、OCNなど） 　例）　XXXXXX@nifty.com 　　　　XXXXXX@ocn.ne.jp パソコンをお使いの方は、このメールアドレスを設定していることが多いと思います。 携帯電話会社で設定してもらうか、各プロバイダの提供する情報を見ながらメールの設定をすれば、iPhoneでも利用することができます。
	（3）自分で取得する無料メールアドレス（Gmail、Yahooメールなど） 　例）　XXXXXX@gmail.com 　　　　XXXXXX@yahoo.co.jp 自分で好きなメールアドレスを作ることができます。例えばP137で作成するGoogleアカウントは、Gmailとして使用できます。パスワードがわかっていれば、iPhoneに簡単に設定できます。

64

メッセージは、携帯電話番号や Apple Account 宛に送るものです。
携帯電話番号さえ知っていれば送ることができるので、手軽に利用できます。

メッセージ	■**SMS（ショートメッセージサービス）** 携帯電話の番号（080-XXXX-XXXX など）でメッセージがやり取りできるものを SMS といいます。 契約している携帯電話会社が違っても、携帯電話番号宛てに 670 文字までの文章を送信できるサービスです。 SMS はキャリアメール同様、携帯電話会社が提供するサービスです。
	■**iMessage（アイメッセージ）** Apple 社が独自に提供するサービスです。 iPhone や iPad などの Apple 製品を持っている相手であれば、Apple Account（P20 参照）でメッセージのやり取りができます。 携帯電話番号やメールアドレスを iMessage に登録して使うこともできます。Apple 製品同士なら、iMessage を使って写真、動画などを送ることができます。

メールは１通ずつ開き、そのメールに対して返信をしていきます。
メールを送るには、相手のメールアドレスが必要で、一文字でも間違えると届きません。またメールを送る場合、件名が必要です。

メッセージは、右からの吹き出しが自分、左からの吹き出しが相手からのものです。**メッセージは相手の携帯電話番号を知っていれば送れます**。メッセージには件名は必要ありません。

▼メール　　　　　　　　　　　▼メッセージ

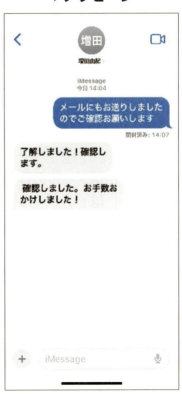

65

2 メールの画面の確認

ホーム画面の ✉ [メール]をタップして、メールの画面を確認しましょう。
メールの新機能の説明画面が表示されたら[続ける]をタップします。メールプライバシー保護の画面が表示されたら["メール"でのアクティビティを保護]をタップして、[続ける]をタップします。通知の確認が表示されたら[許可]をタップします。

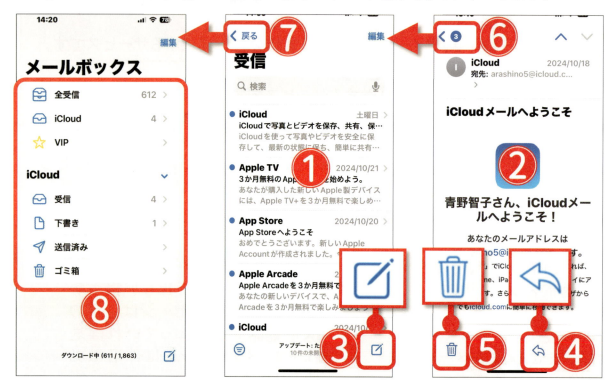

最初は表示されていなくても、メールを下書きに保存したり、削除したりすると表示されるメニューがあります。

① 受信メール一覧です。未読のメールには●が表示されます。読みたいメールをタップすると、メールの本文が表示されます。
② 受信メール一覧から選んだメールの本文が表示されます。
③ ✏ [新規メッセージ]：タップすると、メールを新しく作成できます。
④ ↩ ：タップすると、[返信][転送]が選択できます。
　　・[返信]はメールの差出人に返信することができます。
　　・[転送]はそのメールをほかの人に再送信できます。
⑤ 🗑 [ゴミ箱]：メールを選択して 🗑 をタップすると、メールを削除できます。
⑥ メール本文の上にある[＜]をタップすると、受信メール一覧になります。
⑦ [＜戻る]をタップすると、[メールボックス]が確認できます。
⑧ [メールボックス]
　　・[受信]をタップすると、受信メール一覧になります。
　　・[下書き]をタップすると、書きかけでまだ送信していないメールなどを確認できます。
　　・[送信済み]をタップすると、自分が送信したメールを確認できます。
　　・[ゴミ箱]をタップすると、削除したメールが確認できます。

3 メールを送る

メールの画面を確認したら、メールを書いて送ってみましょう。
メールには「宛先」と「件名」が必要です。宛先は直接メールアドレスを入力するほか、連絡先から選ぶことができます。

① 画面下の ▱ をタップします。
② ［×］をタップして［あとで送信］を消します。
③ ［新規メッセージ］の画面が表示されます。［宛先］を入力します。⊕ をタップすると、連絡先から選択できます。

④ 表示された連絡先から送りたい相手をタップします。メールアドレスが複数ある相手の場合、送りたいメールアドレスをタップします。［宛先］に選択した相手が表示されます。
⑤ 宛先欄にメールアドレスの一部を入力すると、該当するメールアドレスなどが一覧表示されます。

⑥ ［件名］にメールの件名を入力します。
⑦ 本文内をタップして本文を入力します。［iPhone から送信］という署名が挿入されています。
⑧ ↑ をタップします。メールが送信されます。
⑨ 受信メール一覧に戻ります。

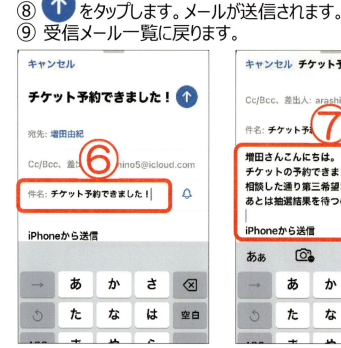

ワンポイント　送信したメールの確認と書きかけのメールの保存

送信したメールは、次のようにして確認できます。ただし、「こちらから、いつ送信したか」ということが確認できるだけで、「送信済み」となっていても必ず相手が受信しているわけではありません。もし相手に届いていない場合は、メールアドレスなどが間違っていないかどうかを確認します。

① 受信メール一覧の［＜戻る］をタップします。
② メールボックスの［送信済み］をタップします。送信したメールが確認できます。
③ 送信済みのメールを確認したら、［＜戻る］をタップします。
④ メールボックスの［受信］をタップします。受信メール一覧に戻ります。

メールを書き終わらなかった時、後で続きを書く時などは、メールを下書きに保存しておきます。

① 書きかけのメールで［キャンセル］をタップすると、［下書きを削除］［下書きを保存］と表示されます。
② ［下書きを保存］をタップします。
③ 受信メール一覧の［＜戻る］をタップします。
④ ［下書き］をタップすると、［下書き］に保存されたメールが表示されます。そのメールをタップすると続きを入力することができます。

4　メールを受け取る

新しいメールがあると、次のように表示されます。
ホーム画面の［メール］の🔴や受信メール一覧の🔵は未読のメールがあることを表しています。
赤色の丸数字は未読メールの数です。これらはメールを読むと非表示になります。

新着メールがあると、赤色の丸の中に数字が表示されます。

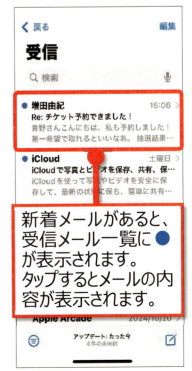

新着メールがあると、受信メール一覧に🔵が表示されます。タップするとメールの内容が表示されます。

69

5　メールの返信

返信機能を使えば、メールアドレスの入力をしなくても簡単にメールの返事が書けます。

① 受信メールの ⬅ をタップします。
② ［返信］をタップします。
③ ［宛先］がすでに入力されたメールが表示されます。［件名］には返信を表す「Re：」が付いています。
④ 本文を入力し、⬆ をタップして送信します。

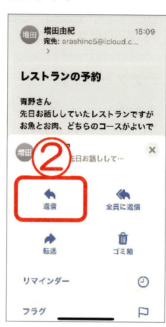

6　写真付きメールを送る

写真や作成した文書などを添えてメールを送ることを**添付**といいます。ここでは、メールに写真を1枚付けて送ります。写真のデータサイズが大きいと相手が受け取れない場合がありますが、iPhoneでは**送信する時に写真のデータサイズを小さく調整**できます。

① メールの宛先、件名、本文を入力します。
② 📷 をタップします。
③ ［写真ライブラリ］をタップします。
④ 写真が表示されます。画面を上に動かすと、ほかの写真を見ることができます。

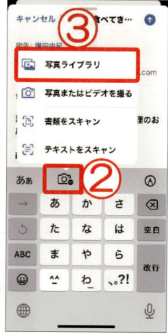

⑤ 添付したい写真をタップします。写真に ✓ が付いたら、右上の［完了］をタップします。
⑥ メール本文中に写真が表示されます。 ↑ をタップします。
⑦ 写真のサイズ選択の画面が表示されます。いずれかのサイズをタップすると、メールが送信されます。

手順⑤で写真を複数選択すれば、複数枚の写真を同時に送ることができます。
ただし、iPhoneで撮影した写真は高画質なので、データサイズも大きくなります。送る相手によっては受け取れない場合もあるので気をつけましょう。
撮影した動画も、写真と同様の手順で送れますが、1分程度だったとしてもデータサイズが大きくなり、メールが送れなかったり、相手が受け取れなかったりします。

7 受け取ったメールに添付された写真の保存

写真付きのメールを受け取った場合、次のように表示されます。
メールを開けばいつでも写真は見られますが、iPhoneの［写真］に保存しておくこともできます。

① 受信メール一覧で ［📎］ が付いて表示されるものが、添付のあるメールです。

71

② メールをタップすると、添付された写真が表示されます。表示されない場合はタップしてダウンロードします。
③ 添付された写真を保存したい時は、写真に長めに触れます。
④ ［画像を保存］をタップします。添付された写真が複数の場合、［XX 枚の画像を保存］をタップすれば同時に保存できます。
⑤ 保存した写真は、ホーム画面の を タップすると確認できます。

8　メールの転送

メールをそのまま別の誰かに送ることを**転送**といいます。
受信したメールをほかの人にも見せたい時、関係者に内容を確認してほしい時、参考までにメールを見てほしい時、添付されている写真や文書を**そのままほかの人に送りたい時**などに利用するとよいでしょう。メールの本文は必要に応じて書き加えられます。

① 受信したメールの ⤺ をタップします。
② ［転送］をタップします。
③ 写真などが添付されていた場合、［元のメッセージの添付ファイルを含めますか？］と表示されます。［含める］をタップします。
④ ［件名］がすでに入力されたメールが表示されます。［件名］には転送を表す「Fwd：」が付いています。
⑤ 転送したい人を宛先として指定し、必要に応じて本文を書き加え、↑ をタップします。

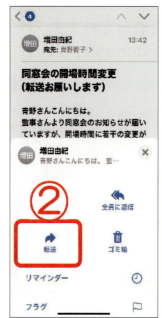

9 メールに目印を付ける、メールの削除

大事なメールや後で見返したいメールにはフラグ（目印）を付けておくことができます。フラグを付けておけば、探したいメールを簡単に見つけることができます。
また、必要のないメールが多くて煩わしい場合には簡単に削除できます。

① 受信メール一覧で、フラグを付けたいメールをゆっくり左に動かし、［フラグ］をタップします。
② 受信メール一覧のメールに 🚩 が付きます。
③ 削除したいメールをゆっくり左に動かし、［ゴミ箱］をタップします。メールが削除されます。早く動かすと［ゴミ箱］が表示されずそのままメールが削除されます。

間違って［ゴミ箱］に捨ててしまったメールは、次の手順で［受信］に戻せます。

① ［メールボックス］の［ゴミ箱］をタップします。
② 元に戻したいメールをタップし、📁 をタップします。
③ 移動先のメールボックスとして［受信］をタップします。
④ ［＜戻る］をタップします。

73

10　署名の編集

初期設定では、「iPhone から送信」となっている**署名**に、自分の名前を追加することもできます。署名を設定すれば、メールを作成するたびに、本文内に自分の名前が自動的に表示されます。署名は自由に編集できるので、名前だけでなくメールアドレスなどを入力しておくこともできます。

① ホーム画面の ⚙️ ［設定］をタップします。
② 画面を上に動かし、［アプリ］をタップします。
③ ［メール］をタップします。
④ 画面を上に動かして、［署名］をタップします。
⑤ ［iPhone から送信］の右端をタップし、キーボードの［改行］をタップします。2行目に名前を入力します。
⑥ ［＜メール］をタップします。
⑦ ホーム画面に戻り、ホーム画面の ✉️ ［メール］をタップし、📝 をタップします。
⑧ ［新規メッセージ］の画面を表示し、署名が変更されていることを確認します。
⑨ ［キャンセル］をタップします。

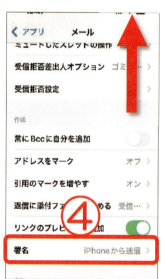

11　［メール］へのメールアドレスの設定

Gmail や Yahoo メールなどは、「**メールアドレス**」と「**パスワード**」**を設定**すればすぐに iPhone でメールのやり取りができるようになります。
ここではP137で作成するGoogleアカウントを、Gmail（XXX@gmail.com）というメールアドレスとして設定する手順を紹介します。
Gmail をすでにお持ちでパスワードもわかっている場合は、この手順に沿って、iPhone に Gmail の設定をしてみましょう。iPhone で Gmail が受け取れるようになります。

74

① ホーム画面の　[設定] をタップします。
② 画面を上に動かし、[アプリ] をタップします。
③ [メール] をタップします。
④ [メールアカウント] をタップします。
⑤ [アカウントを追加] をタップします。
⑥ 追加したいアカウントの種類をタップして（ここでは Google）、
　 画面の指示に従いメールアドレスとパスワードを入力して設定します。

⑦ ["設定"がサインインのために"google.com"を使用しようとしています。] と表示され
　 たら、[続ける] をタップします。
⑧ [ログイン] の画面で、Gmail のアドレスを入力し、[次へ] をタップします。
⑨ パスワードを入力し、[次へ] をタップします。
⑩ [iOS にログイン] と表示されたら、[次へ] をタップします。
⑪ [iOS が Google アカウントへのアクセスを求めています] と表示されたら、[すべて選
　 択] の□をタップしてチェックを表示します。
⑫ 画面を上に動かし、[続行] をタップします。
⑬ 最後に [保存] をタップして設定を完了します。
⑭ メールアプリで Gmail が読めるようになります。

75

レッスン2　メッセージの送受信

メッセージを使うと、携帯電話番号を宛先として文字のやり取りができます。
また、iPhoneやiPadなどのApple製品同士ではiMessage（アイメッセージ）として、文字・写真・ビデオなどを送信する事が可能です。
メッセージは親しい人とやり取りするだけでなく、iPhoneから会員登録などをするときに、本人であるかどうかを確認するための認証番号の送り先として利用されることもあります。

1　メッセージを送る

メッセージを使うと、お互いの文面が吹き出しの中に表示され、会話をしているような感覚で気軽に交流できます。送る相手のアドレス（携帯電話番号やメールアドレス、Apple Account）によって、吹き出しの色が変わります。

① ホーム画面の　　　［メッセージ］をタップします。［"メッセージ"の新機能］と表示されたら、［続ける］をタップします。
② 　　　をタップします。
③ 宛先を入力します。　　　をタップし、表示された連絡先から送りたい相手をタップします。
④ 相手の連絡先をタップします。ここでは携帯電話番号をタップしています。

⑤ メッセージの入力欄をタップします。
⑥ メッセージの文面を入力したら、 ↑ または ↑ をタップします。
⑦ 自分のメッセージの吹き出しに色が付きます。相手が iPhone または iPad の場合、自分のメッセージの吹き出しは青色に、iPhone または iPad 以外の場合、緑色になります。
⑧ ［開封証明を送信］と表示されたら、［許可］をタップします。

相手が iPhone または iPad

相手が iPhone または iPad 以外

2　メッセージを受け取る

メッセージが届くと通知音がして、ホーム画面の［メッセージ］のアイコンに赤色の丸数字が表示されます。「開封証明を送信」を許可すると、自分がメッセージを開封したことが相手にもわかるようになっています。
新しいメッセージがあると、次のように表示されます。

ホーム画面の［メッセージ］の ❶ やメッセージ一覧の ● は未読のメッセージがあることを表しています。
また、赤色の丸数字は未読メッセージの数です。これらはメッセージを読むと非表示になります。

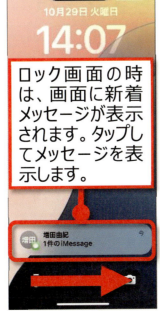

ロック画面の時は、画面に新着メッセージが表示されます。タップしてメッセージを表示します。

新着メッセージがあると、赤色の丸の中に数字が表示されます。

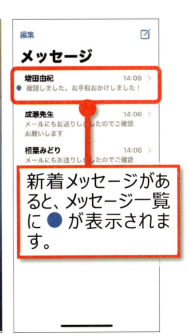

新着メッセージがあると、メッセージ一覧に ● が表示されます。

77

3 写真付きメッセージを送る（iMessage）

吹き出しが青色の相手（iPhone か iPad を使用している）には、iMessage として文字だけでなく写真を添えてメッセージを送ることができます。

① メッセージをやり取りした画面で［＋］をタップします。
② ［写真］をタップします。
③ 表示された中から送りたいものをタップします。画面を上に動かすと、ここに表示されていない写真も選ぶことができます。
④ 写真を選択したら、⬆ をタップします。
⑤ 写真が送られます。

4 ボイスメッセージを送る（iMessage）

お互いが iPhone または iPad 同士だと、声を録音してそのまますぐボイスメッセージとして送ることができます。なお、送信後2分経つと、送ったボイスメッセージは自分の画面からは削除されます。受信者の画面からは削除されません。

① ［＋］をタップします。
② ［オーディオ］をタップします。タップするとすぐに録音が始まります。
③ 録音が終わったら、■ をタップします。

④

④ ↑ をタップすると、メッセージが送信されます。
⑤ ボイスメッセージが届いたら、▶ をタップすると再生されます。

5　メッセージ送信時の効果の設定（iMessage）

お互いが iPhone または iPad 同士だと、メッセージを送信する時に楽しい効果を選べます。吹き出しの表示効果または、画面全体に効果を付ける［スクリーン］が選べます。特別なメッセージを送る時に利用してみるとよいでしょう。

① メッセージを入力したら、↑ を長く押します。
② ［エフェクトをつけて送信］の画面が表示されます。［スラム］［ラウド］［ジェントル］［見えないインク］の横にある●をそれぞれタップすると、効果が表示されます。
　※ ↑ をタップすると、メッセージが送信されてしまうので注意が必要です。
③ ［スクリーン］をタップします。

   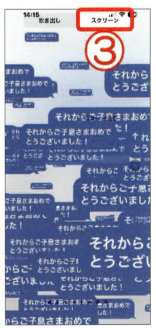

④ 画面を左右に動かすと、9種類の効果が確認できます。効果音入りのものもあります。
⑤ 効果が決まったら、↑ をタップしてメッセージを送信します。
⑥ 相手がメッセージを開く時、効果音付きで再生されます。

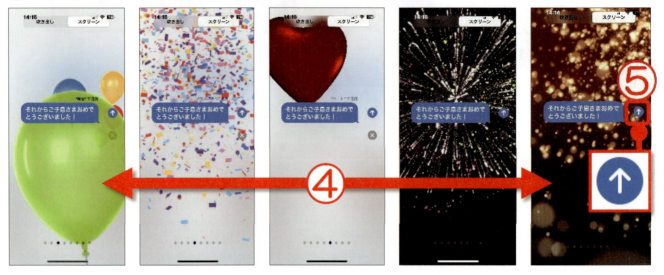

6 iMessageで送れるもの

お互いがiPhoneまたはiPad同士だと、ほかに次のようなものが送れます。顔認証（Face ID）に対応したiPhone（iPhone Xシリーズ以降）とiPad（iPad Pro）では、自分の表情をキャラクターに反映させることができるアニ文字、自分と似たキャラクターを作成できるミー文字を作成できます。
メッセージの作成画面で［＋］をタップし、［その他］をタップするとさらに［ストア］［#画像］［DigitalTouch］［ミー文字］［ミュージック］［到着確認］のメニューがあります。

- カメラ ....メッセージ作成の画面から写真を撮って送れます。
- 写真 ....撮影した写真を送れます。
- ステッカー ....ステッカー　：写真を切り抜いて大きめの絵文字
  　　　　　　　　　　　　　　　　として送れます。
  　　　　　　　　　絵文字　　：絵文字が送れます。
  　　　　　　　　　アニ文字　：キャラクターの大きめの画像です
  　　　　　　　　　フィットネス：フィットネス関連のステッカーです。
- オーディオ ....声を録音してボイスメッセージとして送れます。
- 位置情報 ....今いる場所を地図上に示して送ることができます。
- ストア ....有料・無料のステッカーが入手できます。
- #画像 ....アニメーションGIFと呼ばれる動く画像が送れます。
- DigitalTouch...手書きで書いた文字が動いたり、1本指または2本指でタップする
  　　　　　　　　　か、長めに押して指を離すとジェスチャが送れます。
- ミー文字 ....自分と似たキャラクターを作ったり、自分の表情をキャラクターに
  　　　　　　　　　反映させたりできます。
- ミュージック........Apple Musicから好きな音楽を相手に教えることができます。
  　　　　　　　　　※月額1080円のプランを契約している必要があります。
- 到着確認 ....目的地までの移動状況を知らせることができます。

80

第5章

アプリを追加しよう

レッスン1　アプリの追加 ………………………………… 82

レッスン2　アプリの終了、削除、整理 ……………… 91

レッスン 1　アプリの追加

iPhoneにはゲームや本、写真加工ソフトや楽器などのアプリ（アプリケーション）を入手できるApp Store（アップストア）というオンラインショップがあります。アプリケーションは略してアプリといいます。有料・無料のアプリが多数用意されています。

1　アプリの追加（インストール）とは

最初からiPhoneにあるアプリでも十分に楽しめますが、アプリを追加すれば「ラジオを聴く」「写真を装飾する」「四字熟語のゲームをする」などができるiPhoneになります。
アプリはインターネット上にあるiPhoneのアプリ専門ショップApp Store（アップストア）から追加します。App Storeには毎日のように新しいアプリが並びます。気に入ったものを自分のiPhoneに追加することをアプリのインストールといいます。
手書きノート、辞書、ゲームや道案内など、App Storeには有料・無料の多彩なアプリが揃っています。
好きなアプリを追加して自分好みのiPhoneにできるのも楽しみのひとつです。後からオプション機能を追加するような感覚で、楽しんでください。まずは無料のアプリから試してみるとよいでしょう。
なお、アプリの追加にはP20で作成したApple Accountが必要になります。

アプリの情報は、雑誌や新聞、テレビなどでもよく取り上げられます。
また実際に利用している人に使い勝手などを聞くのもよいでしょう。追加したアプリはいつでも削除できます。

2　アプリの見つけ方

多数のアプリから好みのものを見つけるには、おすすめアプリが表示されている[Today]、ダウンロード数などが判定基準となる[ランキング]、用途別に分類されている[カテゴリ]、すでに利用している人からの評価や感想などを参考にするとよいでしょう。
[検索]でキーワードを入力して、アプリを検索することもできます。

① ホーム画面の ![App Store] [App Store]をタップします。説明が表示されたら［続ける］、［パーソナライズされた広告］と表示されたら、画面を上に動かし［パーソナライズされた広告をオフにする］をタップします。位置情報の使用を訪ねられたら、［アプリの使用中は許可］をタップします。
② ［Today］には、その日のおすすめアプリやゲームが表示されます。画面を上下に動かして、ほかのアプリを表示することができます。
③ ［ゲーム］をタップすると、ゲームアプリだけを紹介した画面が表示されます。画面を上下左右に動かすと、ほかのゲームアプリやランキングなどが紹介されています。
④ ［Arcade］（アーケード）は月々の定額料金を支払って、ゲームの新作を楽しむことができるメニューです。
⑤ ［アプリ］をタップすると、ゲーム以外のアプリの紹介が表示されます。画面を上に動かすと［定番のアプリ］や［無料アプリランキング］［今週注目のアプリ］などが表示されます。
⑥ それぞれ［＞］をタップすると、さらにアプリが表示されます。
⑦ ［検索］をタップすると、画面上に［検索］ボックスが表示されます。アプリの名前でキーワード検索ができます。

3　Face IDの使い方

アプリの追加には、パスワードが必要です。パスワードを忘れるとアプリの追加ができなくなります。ホームボタンのないiPhoneの場合、パスワードの代わりに登録した顔（Face ID）が使えます。

登録した顔を見せるだけでアプリが入手できると、いちいちパスワードを入力する必要がなく、大変便利です。顔がうまく認識できない時は、Apple Accountのパスワード（P20参照）をキーボードから入力してアプリを入手します。

83

① ［検索］をタップしてキーワードを入力し、アプリを探します。
② ［入手］をタップします。
③ 本体右側のサイドボタンを素早く2回押します。
④ iPhone に視線を合わせます。
⑤ 登録した顔が認識されたら、✓［完了］と表示されます。

4　Touch ID の使い方

本体に丸いホームボタンのある iPhone の場合、パスワードの代わりに登録した指紋（Touch ID）が使えます。ホームボタンに指をのせるだけでアプリが入手できると、いちいちパスワードを入力する必要がなく、大変便利です。指紋がうまく認識できない時は、Apple Account のパスワード（P20 参照）をキーボードから入力してアプリを入手します。

① App Store からアプリを探します。
② ［入手］をタップします。
③ ホームボタンに指紋を登録した指をのせます。
④ 登録した指紋が認識されたら、✓［完了］と表示されます。

84

ワンポイント 　**顔認証、指紋認証がうまくいかない時は**

登録した顔や指紋がうまく認識されない時は、[インストール]や[パスワードを入力]と表示されます。
[インストール]や[パスワードを入力]をタップし、Apple Account のパスワードをキーボードから入力して[サインイン]をタップします。

5　はじめてアプリを追加する手順（Google マップ）

種類も数も豊富で、新しいアプリも次々と登場する App Store から、有料・無料のアプリを探してインストールしてみましょう。無料のアプリは[入手]と表示され、有料のアプリは金額が表示されます。アプリが追加されると[入手]が[開く]に変わり、ホーム画面にそのアプリのアイコンが追加されます。
Google 社が無料で提供している Google マップ（グーグルマップ）は、多くの人が利用している地図アプリです。地図ですが、お店の情報を調べたり、乗り換え経路を検索することもできます。
ここでは、はじめてアプリを追加する手順を、Google マップの追加を例に説明します。

① 画面下の 🔍 [検索]をタップします。
② [検索]ボックスに「マップ」と入力し、キーボードの[検索]をタップします。
③ 検索結果が表示されます。[Google マップ]をタップします。同じ絵柄が表示された場合、どちらをタップしても構いません。
④ アプリに画面を上下左右に動かすと、アプリの評価や詳細を読むことができます。[入手]をタップします。

85

⑤ 初めてアプリを追加する時は、［購入を完了するにはサインインします］と表示されます。無料のアプリを入手する場合でもApple Accountを入力し、［continue］をタップします。
⑥ パスワードを入力し、［サインイン］をタップします。大文字は ⬆ をタップして入力します。
⑦ ［このApple Accountは、iTunes Storeで使用されたことがありません。］と表示されたら、［レビュー］をタップします。
⑧ ［利用規約に同意する］の ⬜ オフをタップして 🟢 オンにし、［次へ］をタップします。

⑨ ［お支払い方法］の［なし］にチェックが表示されていることを確認します。
⑩ 漢字の氏名が表示されています。入力したい枠をタップすると、その枠に入力ができます。フリガナを入力し、カタカナで確定します。
⑪ 画面を上に動かし、郵便番号、住所、電話番号を入力します。最後に［次へ］をタップします。入力が不完全な箇所があると赤色の文字で表示されます。その際はその枠をタップして入力し、［次へ］をタップします。
⑫ ［Apple Account作成完了］と表示されたら、［続ける］をタップします。

⑬ アプリの入手画面に戻ったら、もう一度［入手］をタップします。
⑭ ［インストール］をタップします。
⑮ 最初に使用する時は、［Apple Account にサインイン］と表示されます。
　※無料のアプリの場合でも［この決済を承認するには～］と表示されます。
　Apple Account のパスワードを入力し、［サインイン］をタップします。大文字は ⬆ を
　タップして入力します。
⑯ ✓ ［完了］と表示され、アプリの追加が始まります。
⑰ ［入手］が［開く］と表示されればアプリの入手は完了です。［開く］をタップします。

⑱ ["Google Maps"に位置情報の使用を許可しますか？] と表示されたら、［アプリの使用中は許可］をタップします。
⑲ ホーム画面に戻ると、アプリが追加されていることが確認できます。Google Map を利用するには P96 の①から順番に行ってください。

87

ワンポイント パスワードの入力に関して

［このデバイス上で追加の購入を行う時にパスワードの入力を要求しますか？］と表示されたら、［15 分後に要求］をタップします。続けてアプリを入手する時に、パスワードの入力が省けます。［無料アイテム用パスワードを保存しますか？］と表示されたら、［はい］をタップします。アプリの入手の際、パスワードの入力自体を省くことができます。

6 顔や指紋を使ったアプリの追加（Google フォト）

ここでは登録した顔（Face ID）や指紋（Touch ID）を使ってアプリを入手してみます。Face ID や Touch ID が使えれば、パスワードを入力しないでアプリが追加できます。ここでは、Google フォト（グーグルフォト）の追加を例に説明します。
Google フォトは Google アカウント（P137 参照）があれば誰でも利用でき、iPhone で撮影した写真や動画を、インターネット上の自分専用の倉庫に保存しておけるサービスです。自動的に保存されるたくさんの写真の中から、キーワードを入力して、写真を見つけ出すことができます。一定の容量（15 ギガバイト）を超えると、月々の定額料金が必要となります。

① ホーム画面の [App Store] をタップします。
② 画面下の [検索] をタップします。
③ ［検索］ボックスに「フォト」と入力し、キーボードの［検索］をタップします。
④ ［Google フォト］をタップし、［入手］をタップします。同じ絵柄が表示された場合、どちらをタップしても構いません。

⑤ Face ID（顔認証）の場合、［サイドボタンで承認］および［ダブルクリックでインストール］と表示されます。本体右側のサイドボタンを素早く2回押し、iPhone に視線を合わせます。顔が認識されると、✓［完了］と表示されます。

→ iPhone 本体に丸いホームボタンのある iPhone の場合、［Touch ID でインストール］と表示されます。ホームボタンに登録した指をのせます。指紋が認識されると、✓［完了］と表示されます。

▼Face ID（顔認証）の場合

サイドボタンを素早く2回押し、iPhone に視線を合わせます。

▼Touch ID（指紋認証）の場合

ホームボタンに登録した指をのせます。

⑥ ［入手］が［開く］と表示されればアプリの入手は完了です。
⑦ ホーム画面に戻ると、アプリが追加されていることが確認できます。
⑧ Google フォトを利用するには、P137 の①から順番に行ってください。

🎎 ワンポイント　［App 内課金が有ります］について

無料だと思ったアプリの説明に［App 内課金が有ります］と表示されることがあります。
アプリの中には、アプリの入手自体は無料でも、一定の条件を超えると使用料が発生するものや、**追加の機能を使おうとすると料金が発生**するものがあります。そうしたアプリは、まずは無料の範囲で使ってみて、必要があれば有料に切り替えることができます。

89

7　おすすめアプリの紹介

アプリを追加する練習を兼ねて、次の中から興味のあるものをインストールしてみましょう。アプリの名称（太字部分）を入力して検索します。

	Yahoo！乗換案内 目的地までの乗り換え経路を、時間順・回数順・料金順に調べることができます。		**YouTube** 投稿された動画をキーワードで検索して、好きなものを楽しむことができます。
	NHKニュース防災 台風の進路を確認したり、防災時にはニュース番組をライブ放送で見ることができます。		**Yahoo！防災速報** 避難情報や緊急地震速報、災害情報などさまざまな速報を受け取れます。
	全国避難所ガイド 現在地から一番近い避難所の情報がわかります。安否の登録や確認ができます。		**Yahoo！天気** 天気予報はもちろん、天気に関するあらゆる情報がわかります。
	Radiko ラジコを追加すればiPhoneがラジオになります。民放、NHKラジオなどが聴けます。		**Facebook** フェイスブックは実名登録が基本で、友だちと繋がれるSNSです。
	X（エックス：旧Twitter） Xは多くのユーザーがいるSNS（エスエヌエス）です。災害時にも活躍します。		**LINE** ラインは多くの人が使っています。メッセージやスタンプ、写真が送れ、無料電話もできます。
	Instagram インスタグラムは写真を楽しむSNSです。きれいな写真や縦動画がたくさん投稿されています。		**PicCollage** ピックコラージュは、複数の写真組み合わせて1枚にできます。スタンプなども使えます。
	Snapseed スナップシードは写真編集のメニューがとても豊富なアプリです。		**Zoom Cloud Meetings** Zoom（ズーム）を利用すると、iPhoneやiPad以外の人ともビデオ通話が楽しめます。
	Google翻訳 世界各国の言葉を翻訳できるアプリです。音声にも対応しています。		**星座表** iPhoneを夜空にかざすと、目の前にある星座の名前を知ることができます。
	Amazon 世界で一番有名なオンラインショップ。書籍、日用品、食料などなんでも売っています。		**PayPay** ペイペイは、スマホを使って支払いをするサービスです。現金をチャージし、QRコードを利用して支払います。

レッスン 2　アプリの終了、削除、整理

アプリをいくつ使ったとしても、そのたびにアプリの終了をしなくても構いません。使わなくなったアプリはいつでも削除できます。アプリが増えてきたら、まとめておくこともできます。

1　アプリライブラリ

ホーム画面を左に、左に動かすと、最後にアプリライブラリが表示されます。
アプリを追加していくと、ホーム画面がアプリでいっぱいになってしまいますが、アプリライブラリは増えてきたアプリを自動的に分類してくれる機能です。また、追加したはずのアプリが見つからない時は、上にある［検索］ボックスにアプリ名を入力して検索することができます。

アプリライブラリ

2　スタンバイ状態のアプリの切り替え

iPhone では、アプリを使っている最中でも、ホーム画面に戻ればすぐに別の作業をすることができます。ホーム画面に戻っても、使っていたアプリはスタンバイ状態となっているので、次に必要な時にすぐに使うことができます。スタンバイ状態のアプリは、次のように切り替えることができます。

① iPhone 本体の下から上にゆっくり押し上げ、画面の半分くらいのところで指を止めます。
　→　iPhone 本体下部に丸いホームボタンのある iPhone の場合、本体のホームボタンを素早く 2 回押します。
② スタンバイ状態のアプリが表示されます。左右に動かすと、スタンバイ状態のアプリが確認できます。
③ 切り替えたいアプリをタップすると、そのアプリが表示されます。

91

3 アプリの終了

アプリを使うたびにやる必要はありませんが、アプリの動きが遅い、反応しなくなったなど、アプリが正常に動かなくなった時には、アプリを終了させてみるとよいでしょう。
アプリを一度終了すると不具合が解消されることがあるので、アプリの完全な終了方法は必ず覚えておきましょう。

① iPhone 本体の下から上にゆっくり押し上げ、画面の半分くらいのところで指を止めます。
　→ iPhone 本体下部に丸いホームボタンのある iPhone の場合、本体のホームボタンを素早く2回押します。
② スタンバイ状態のアプリが表示されます。アプリを上に動かして画面から見えなくなると、アプリの完全な終了となります。

4 アプリの削除

試しに使ってみたけれど必要なくなった、もう使わなくなった、アプリが多すぎるので消したいという時は、アプリを削除することができます。

① 削除したいアプリに長めに触れ、メニューが表示されたら、［アプリを削除］をタップします。
② ［"XXX（アプリの名前）"を取り除きますか？］と表示されたら、［アプリを削除］をタップします。
③ ［"XXX（アプリの名前）"を削除しますか？］と表示されたら、［削除］をタップします。

5 アプリをまとめる

ホーム画面にあるアプリを関連ごとに［ゲーム］［防災］［仕事用］などの名前を付けて、**1つにまとめておくことができます**。まとめるための入れ物を**フォルダ**といいます。**アプリとアプリを重ねる**と、フォルダを作ることができます。

① まとめたいアプリに長めに触れ、メニューが表示されたら、［ホーム画面を編集］をタップします。
② アイコンがゆらゆらと揺れ始めます。まとめたいアプリを重ね合わせます（ここでは［全国避難所ガイド］を［東京防災アプリ］の上に重ね合わせています）。
③ アプリを重ね合わせると、フォルダの枠が表示されます。
④ タイトル入力欄が表示されます。ここでは「天気」をタップし、文字を削除して「防災」と入力しています。
⑤ タイトルを入力したら、キーボードの［完了］をタップします。

⑥ フォルダ以外の場所をタップするとホーム画面に戻ります。
⑦ 同様にして、いくつかまとめたいものを重ね合わせます。アプリがゆらゆらと揺れている間は、何回でもフォルダから出したり、入れたりができます。
⑧ まとめ終わったら、フォルダ以外の場所をタップします。

93

⑨ ［完了］をタップします。
⑩ アプリがまとめられたフォルダができます。フォルダをタップすると、フォルダ内のアプリが表示されます。

フォルダにまとめる時に、目的のアプリがなかなか目指す場所に移動できず、上手にまとめられないことがあります。その時は、ゆっくり動かすのではなく、素早くすっと動かすようにすると、上手にまとめられますよ。

6　Dockのアプリの入れ替え

ホーム画面の下にあるDock（ドック）には、よく使うアプリが常に4つ表示されています。ホーム画面を動かしても、ドックにあるアプリは常に表示されたままになります。
ドックのアプリは入れ替えることができます。ここではミュージックをホーム画面に移動し、カメラをドックに移動しています。

① ドックのアプリに長めに触れ、表示されたメニューの［ホーム画面を編集］をタップします。
② アイコンがゆらゆらと揺れている間に、ドックのアプリを入れ替えます。
③ ドックの入れ替えが終わったら、［完了］をタップします。

94

第6章

地図を使おう

レッスン1	Google マップの利用 ……………………	96
レッスン2	地図を使った検索 ………………………	99
レッスン3	地図の詳細情報の利用 …………………	103

レッスン 1　Google マップの利用

第 5 章で追加した地図アプリ、Google マップを使ってみましょう。Google マップはスマートフォン、タブレット端末、パソコンなどでも広く使われている地図サービスの代表格です。地図を指で広げれば、拡大して見ることができたり、地図を切り替えて立体表示にしたりできます。地図の見方を確認しましょう。

1　地図を見る

Google マップを起動すると、地図に ● で現在地が表示されます。現在地がうまく表示されない場合は、しばらく待ってみましょう。窓際に行くか、屋外の空の見渡せるところで利用すると、より正確な位置に近づけられます。

① ホーム画面の [Google Maps] をタップします。
② ["Google Maps"に位置情報の使用を許可しますか？] と表示されたら、[App の使用中は許可] をタップします。
③ 自分が今いる位置に ● が表示されます。
④ 現在地が表示されていない時は ◁ をタップします。

◁ が ◀ に変わり、現在地が表示されます。

⑤ ◀ [現在地] をタップします。

⑥ ◀ が ◈ に変わり、iPhone を動かすと地図もそれに合わせて動きます。

もう一度 ◈ をタップすると、地図が北を上にして固定されます。

96

2　地図の切り替え

地図は指で動かして拡大や回転ができます。徒歩のルートを確認する時には地図を大きくして見てみましょう。
現在地から目的地までの道のりを確認する時は、**地図を回転させて、目的地を上の方にする**と経路が見やすくなります。
地図を切り替えれば、**航空地図**や**現在の道路の混雑具合**なども見ることができます。

① 地図を2本の指で広げると拡大表示されます。

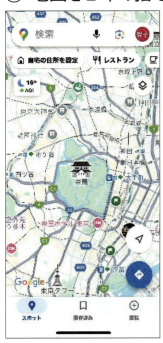

② 親指を軸にして、地図を2本の指でコンパスのように回すと、地図が回転します。
③ 地図を回転すると、🧭 が表示されます。タップすると、北を上にした地図に戻ります。

④ をタップするとメニューが表示されます。
⑤ ［航空写真］をタップすると［航空写真］に青枠が付きます。［×］をタップして、メニューを非表示にします。
⑥ 航空写真の地図が表示されます。
⑦ をタップします。
⑧ ［デフォルト］と［交通状況］をタップします。［×］をタップして、メニューを非表示にします。

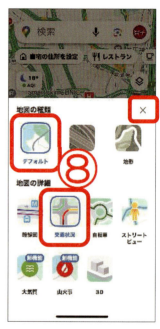

⑨ 地図上に交通状況が重ねて表示されます。現在の交通情報が色分けして表示されます。緑色は渋滞が発生していないことを表し、赤色は渋滞が激しいことを表しています。

⑩ をタップし、［路線図］をタップします。［×］をタップし、メニューを非表示にします。
⑪ 地図の上に、路線図や地下鉄の出口などの情報が表示されます。

⑫ をタップし、［路線図］をタップすると青枠がなくなります。［×］をタップし、メニューを非表示にします。

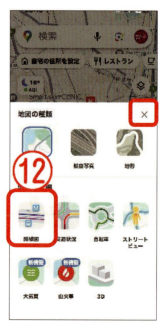

レッスン2　地図を使った検索

地図を使って地名や駅名、施設名を入力し、検索してみましょう。
国内はもちろん、海外の地図を使って検索することもできます。車や徒歩で移動する場合、iPhone が**現在地から目的地までの経路案内**をしてくれます。

1　周辺にあるスポットの検索

Google マップでは現在地周辺にあるレストランやショップなどを探して表示してくれます。
また、地名を入力すればその近辺にある店舗などを見ることができます。
これから行こうとしている場所の名前を入れて検索してみましょう。

① 画面上の［検索］ボックスをタップし、「上野」と入力してキーボードの［検索］をタップします。
② ［レストラン］［ホテル］などの分類が表示されます。［レストラン］をタップします。
③ 検索した地域の周辺の店舗が表示されます。
④ 画面を上へ動かすと、店舗一覧が表示されます。見たいものをタップします。

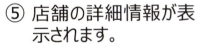

⑤ 店舗の詳細情報が表示されます。
⑥ 店舗の詳細情報を下に動かします。地図が表示されます。
⑦ ［検索］ボックスに残っているキーワードは［×］をタップして削除します。
⑧ ［検索］ボックスが表示された状態になります。

99

2　交通機関の経路検索

［検索］ボックスに地名や駅名、施設名、特定の店舗名などを入力して検索ができます。また乗換案内アプリのように、現在地からその場所までの交通経路を調べたり、出口から目的地までの徒歩のルートも一緒に調べたりできます。

① ［検索］ボックスにキーワード（ここでは「六義園（りくぎえん）」）を入力し、キーボードの［検索］をタップします。
② 地図上に検索した場所が示されます。
③ 画面を上に動かすと、詳細情報が表示されます。
④ ［経路］をタップすると、現在地からの経路が表示されます。候補となる場所が複数表示された場合、目的地をタップします。

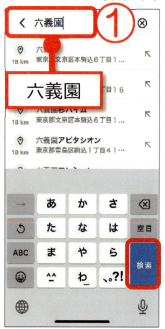

⑤ ［車］［電車］［徒歩］［タクシー］［自転車］などの移動手段が表示されます。

⑥ ［電車］をタップし、経路の1つをタップします。
⑦ 地図上に経路が表示されます。
⑧ 経路の詳細を上に動かすと、経路全体を確認することができます。
⑨ ［XX駅］と駅の数が表示されている部分をタップすると、通過駅が表示されます。

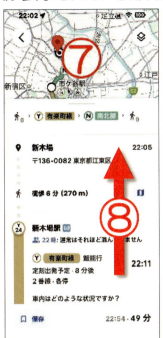

⑩ ［徒歩 XX 分］をタップします。
⑪ 駅の出口からの経路が青色の点線で確認できます。
⑫ ［検索］ボックスが表示されるまで［＜］をタップします。
⑬ ［検索］ボックスの［×］をタップして、入力されているキーワードを削除します。

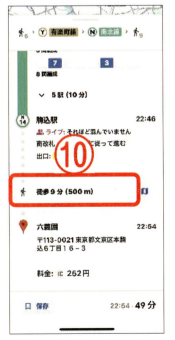

出先から徒歩で自宅まで帰るルートが自分で調べられるようになっておくと、**災害時などにも役立ちます。**

🎎 ワンポイント　日時などの条件を指定して経路検索するには

電車の経路の場合、日時や到着、出発などの条件を指定して経路検索ができます。

① 目的地を入力して検索します。
② ［XXに出発］をタップします。
③ ［出発］［到着］［最終］が選択できます。表示された日付や時刻の数字を上下に動かして日時を変更できます。
④ ［完了］をタップします。
⑤ 指定された日時に従って、検索結果が変更されます。

3　車や徒歩による経路検索

車や徒歩で行く経路を検索してみましょう。運転中は安全運転するようにしてください。iPhoneは立ち止まってから見るようにし、歩きながら使わないようにしましょう。

① ［検索］ボックスにキーワード（ここでは「東大赤門」）を入力し、キーボードの［検索］をタップします。［検索］ボックスが表示されていない時は、［＜］や［×］をタップしてGoogleマップの最初の画面に戻ります。
② ［経路］をタップすると、現在地からの経路が表示されます。
③ ［車］または［徒歩］をタップします。
④ 目的地までの経路が青色の線（車）や、青色の点線（徒歩）で表示されます。

レッスン 3　地図の詳細情報の利用

Google マップで調べることができるのは、場所や経路だけではありません。例えば店舗の場合、**営業時間やメニュー、写真**などを見ることができます。ホームページのアドレスが記載されていれば、Google マップの画面からそのまま **Web ページを閲覧**することもできます。

1　詳細情報からの電話や Web サイトの利用

具体的な店舗の名前がわからなくても、漠然としたキーワードから情報を検索することができます。キーワード検索すれば、現在 Google マップに表示されている場所に近い店舗が画面に表示されます。また、**地名とキーワード**を入力すれば、特定のエリアでの検索ができます。
Google マップは、ただ単に場所を探すだけでなく、行きたい場所の写真や詳細情報、電話やホームページなどが**検索できる地図**です。
Google マップを上手に使えば、初めて行く場所での店探しに役立ちます。

① ［検索］ボックスにキーワード（ここでは「和菓子」）を入力して、キーボードの［検索］をタップします。［検索］ボックスが表示されていない時は、［＜］や［×］をタップして Google マップの最初の画面に戻ります。
② 現在表示されている地図の周辺で、検索キーワードに合致したものが表示されます。
③ 店名などをタップすると、詳細情報が表示されます。
④ 次に、地名とキーワード（ここでは「上野　ラムチョップ」）を入力して検索します。
　なお地名とキーワードの間にはスペース（空白）を入力します。
⑤ 入力した地名の周辺で、検索キーワードに合致したものが表示されます。見たい店舗などをタップします。

  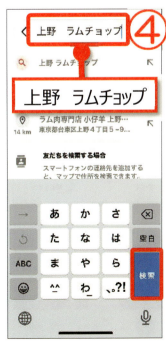 

⑥ 画面を上に動かすと、店舗の詳細な情報が表示されます。
⑦ 営業時間をタップすると、各曜日の営業時間が表示されます。
⑧ 🌐 に記載されている URL（ホームページのアドレス）をタップします。
⑨ ［アプリで開く］と表示されたら、［Safari］をタップします。

⑩ ホームページが表示されます。ホームページを見終わったら、［完了］をタップします。
⑪ ［メニュー］［クチコミ］［写真］などをタップすると、それぞれ情報が表示されます。
⑫ 📤 をタップし、［この場所を共有］をタップします。
⑬ 検索した店舗の情報をメールやメッセージなどで送信できます。
⑭ ［×］をタップし、［検索］ボックスが表示されるまで［＜］をタップします。
⑮ ［検索］ボックスの［×］をタップして、入力されているキーワードを削除します。

2　Googleアカウントを利用した登録

行ってみたいお店や気になる場所などは、その都度地図で検索しなくてもGoogleマップに保存しておくことができます。

検索した場所を保存しておくには、GoogleマップにGoogleアカウントを設定しておく必要があります。Googleアカウント（無料）の作成については第7章で説明します。

Googleアカウントが設定されているかどうかは、［検索］ボックスの横に名前があるかどうかでわかります。

ここでは、GoogleマップにGoogleアカウントが設定された状態で、検索した場所をお気に入りに保存する方法について説明します。

▼Googleアカウントが設定されている　▼Googleアカウントが設定されていない

ワンポイント　Googleアカウントの設定について

Googleアカウント（Gmailとパスワード）を持っていて、まだGoogleマップに設定していない場合は、次のようにします。

① 　をタップします。
② ［ログイン］をタップします。［"Googleマップ"がサインインのために"google.com"を使用しようとしています。］と表示されます。［続ける］をタップします。
③ Gmailのアドレスを入力し、［次へ］をタップします。
④ パスワードを入力し、［次へ］をタップします。
⑤ ［検索］ボックスの横に、自分の名前が表示されていることを確認します。

105

3　［お気に入り］への保存

Googleマップに Googleアカウントが設定されていると、検索した場所を保存する時にあらかじめ用意されている［お気に入り］［行ってみたい］［スター付き］というリストが利用できます。

［お気に入り］［行ってみたい］［スター付き］の使い分けは、自分で決めて構いません。雑誌で見て気になっているところ、テレビで紹介された観光地やレストラン、行ってみたい店、旅行先に検討している場所などを保存して、Googleマップを上手に利用してみるとよいでしょう。

行きたい場所を保存しておけば、あとから探すのがとても楽になります。保存した場所はいつでも簡単に削除できるので、地図にしおりを挟む感覚で使ってみるとよいでしょう。

① ［検索］ボックスにキーワード（ここでは「Apple」）を入力して、キーボードの［検索］をタップします。

② 保存したい場所をタップします。

③ 詳細情報の　保存　をタップします。画面に表示されていない時は、メニューを左に動かします。

④ ［行ってみたい］［スター付き］［お気に入り］の中から、保存したいリストをタップし、✓を付けます。

⑤ ［完了］をタップします。

⑥ 　保存　が　保存済み　に変わります。

⑦ 同様にして、リストに保存したい場所を検索します。［保存］をタップし、［お気に入り］［行ってみたい］［スター付き］の中からリストを選び、タップして保存します。

4　［お気に入り］に保存した場所の利用と削除

［お気に入り］などに保存した場所は、保存済みというメニューで確認できます。

① Googleマップの最初の画面に戻り、［保存済み］をタップします。
② 自分のリストが表示されます。［お気に入り］［行ってみたい］［スター付き］などの中から、見たいリストをタップします。
③ リストに保存した場所が表示されます。見たい場所をタップします。

④ 保存したリストからその場所を削除したい時は、メニューを左に動かし 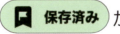 保存済み をタップします。
⑤ リストが表示されます。保存したリストをタップし、✓ を ○ にしてリストから削除します。
⑥ ［完了］をタップします。
⑦ その場所がリストから削除されると、保存済み が 保存 に変わります。

107

ワンポイント　［マップ］の利用

iPhoneに最初から入っている ［マップ］でも、経路検索などができます。

① ホーム画面の [マップ] をタップします。
② 画面下の［検索］ボックスをタップし、駅名や施設名を入力します。キーボードの［検索］をタップします。
③ 交通手段と時間が表示されている部分をタップします。［安全に目的地に到達するために］と表示されたら、［OK］をタップします。
④ 表示された中から、移動手段（車、徒歩、交通機関、自転車など）をタップします。経路が表示されます。
⑤ 見たい経路をタップすると、経路の詳細が表示されます。

iPhoneの［マップ］には、空から地図が楽しめる Flyover（フライオーバー）があります。

① ［検索］ボックスに地名を入力し、画面に表示される［Flyover］をタップします。
② 自動的にツアーが開始され、都市を空から楽しむことができます。
③ ［×］をタップすると地図の画面に戻ります。

Flyover が楽しめるのは、次のような場所です（2024年10月現在）。

・東京　　　　・大阪　　　　　・サンフランシスコ　・マドリード　　・ベルリン
・バルセロナ　・フィレンツェ　・ローマ　　　　　　・ロンドン　　　・セビリア
・プラハ　　　・ケープタウン　・ニューヨーク　　　・ラスベガス　　・トロント　など

第7章

写真を楽しもう

レッスン1	写真や動画を撮る	110
レッスン2	カメラのメニューと機能	118
レッスン3	撮影した写真や動画を見る	125
レッスン4	写真や動画の編集や選別	128
レッスン5	Google フォトでの写真のバックアップ	136

レッスン 1　写真や動画を撮る

iPhoneのカメラ機能は新製品が発表されるたびに進化しています。ピント合わせも簡単なので手ぶれに気をつけて、上手に撮影するコツをつかんで撮影してみましょう。

1　撮影時のiPhoneの持ち方

写真撮影で**一番ぶれやすいのは、シャッターボタンに触れる時**です。ぶれない写真を撮影するには、iPhoneをしっかりと持つことが重要です。
縦構図の写真を撮る時は下図のようにiPhoneを縦（ホームボタンがある場合は下）に、**横構図**の写真を撮る時はiPhoneの上を左側（ホームボタンがある場合は右）にして持てば、iPhoneを持つ手で背面にあるカメラのレンズを隠してしまう心配がありません。脇をしめ、腕はあまり伸ばさずにひじを体につけるようにしてiPhoneを持ちましょう。

■iPhoneを縦に持つ時（縦構図の写真）

iPhone全体を手で包み込むようにし、手のひらも使ってしっかりと持ちます。iPhoneの側面に手を添えてぶれを防ぎます。シャッターを押す手は軽く添えるようにします。

親指で押す場合

縦持ちの時もiPhoneをしっかり包み込むように手を添えます。

人差し指で押す場合

シャッターボタンをタップする時にiPhoneが動かないようにタップします。

■iPhoneを横に持つ時（横構図の写真）

手をL字型にして手のひら全体でiPhoneを包み込むようにして持ちます。
背面カメラに指がかからないように気をつけます。右手も軽く添えるようにします。

親指で押す場合

手をL字型にして手のひらで包み込むようにして持つと固定できます。

人差し指で押す場合

大きいサイズのiPhoneは手のひら全体で握るようにして持つと固定できます。

2 写真の撮影

写真を撮るにはホーム画面の ▢[カメラ]をタップして起動します。画面全体で構図を確認します。デジタルカメラと違って、**本体の中央にレンズが付いているわけではない**ので、撮影する時には**レンズの位置を確認**し、iPhoneを構えるようにしましょう。
シャッターボタンは画面に表示されるので、タップして撮影します。iPhoneは薄いので、しっかり構えないとシャッターボタンをタップした時に手ぶれが生じます。
撮影時には、次のことを確認するとよいでしょう。

- カメラのレンズに指紋などが付いていないかどうか確認します。
- カメラのレンズの位置を確かめ、手や指で覆ってしまわないように気をつけます。
- iPhoneがぶれないように、手のひらも使ってしっかり持ちます。
- 脇をしめて腕を体につけるようにします。
- 右図のようにシャッターボタンを押す前に、邪魔なものが映っていないかどうか、画面の四隅と周囲を見るようにします。

① ホーム画面の ▢ [カメラ]をタップします。
② [フォトグラフスタイル]と表示されたら[あとで設定]をタップします。["カメラ"に位置情報の使用を許可しますか？]と表示されたら[Appの使用中は許可]をタップします。
③ iPhoneを縦に持った時は画面下、iPhoneを横に持った時は画面右に表示される切り替えメニューの[写真]が黄色の文字になっていれば、写真撮影ができます。
④ ライブフォトが ◉ または ◉ になっていたら、タップして ⦸ にします（P121 参照）。

▼縦構図写真の場合

▼横構図写真の場合

111

⑤ ◯ ［シャッターボタン］をタップします。タップする時は、iPhone が動かないようにしっかりと持ちます。
※機種によっては、シャッターボタンを長めに押すと動画撮影になる場合と、連写になる場合があります。シャッターは軽くタップするようにしましょう。

⑥ 画面右下（縦に持つ時は左下）の小さい画像（サムネイル）をタップすると、撮影した写真をすぐに見ることができます。

シャッターボタンを軽くしっかりとタップします。

⑦ ✕ をタップすると、カメラに戻ります。撮影の続きができます。

3 ピント合わせ

人物にカメラを向けると、iPhone は**顔を自動的に認識**し、画面に黄色の枠が表示されます。自分でピントを合わせたい時は、iPhone の画面で**ピントを合わせたいものをタップ**すれば、黄色の枠が表示されてピントと露出（光の量）が自動的に調整されます。

▼手前の紅葉をタップして
　手前にピントが合った状態

▼奥の鯉をタップして
　奥にピントが合った状態

4 明るさの調整

画面の明るい場所をタップすると写真全体が暗くなり、画面の暗い場所をタップすると写真全体が明るくなります。 下図は同じ時間に撮影したものです。
画面のところどころに触れると、画面全体が明るくなったり暗くなったりします。自分が一番いいと思ったところでシャッターボタンをタップします。

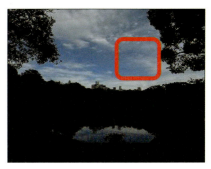

明るさは、自分でも調整することができます。
画面をタップしてピントを合わせると、黄色の枠の横に**太陽のマーク**が表示されます。太陽のマークを上に動かすと画面が明るくなり、下に動かすと暗くなります。
明るさの量が違うと、写真の雰囲気も変わります。好みで調整してみましょう。

▼太陽のマークを下げると暗い写真になる　　▼太陽のマークを上げると明るい写真になる

画面を長めに押していると、[AE／AFロック]と表示されます。「AE」はAutomatic Exposure（自動露出）の略で、明るさを自動的に調整する機能、「AF」は Auto Focus（オートフォーカス）の略で、ピントを自動的に調整する機能です。

AE／AFロック

113

画面を長めに押したところに露出とピントが合って固定（ロック）された状態になります。この状態でカメラの向きを少し変えたりしても、ロックされた露出とピントは変わらないので、明るさとピントが調整された写真を撮ることができます。
画面をもう一度タップすると、ロックが解除されます。

5 ズーム

もう少し大きく写真を撮りたい時は、画面を2本の指で広げて**ズーム**します。
スマートフォンは、レンズ自体を伸ばして撮影することができません。ズーム撮影も、画像を拡大して処理しているので、画像が粗くなることがあります。きれいに撮影するには、被写体に寄れるところまで寄って撮るようにしましょう。
背面カメラのレンズが2つあるiPhoneでは、2倍までのズームはレンズを切り替えて撮影できるようになっています。
レンズが3つあるiPhoneには、より遠くを撮影できる**望遠レンズ**が付いています。

6 超広角撮影

iPhone 11以降では**超広角カメラ**が追加され、超広角撮影ができるようになりました。下の2枚の写真は同じ場所から撮影していますが、右の写真の方が広い角度で撮影できています。

▼広角カメラでの撮影　　▼超広角カメラでの撮影

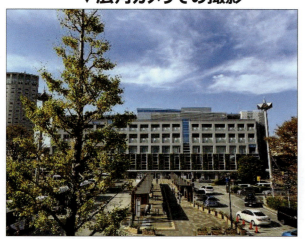
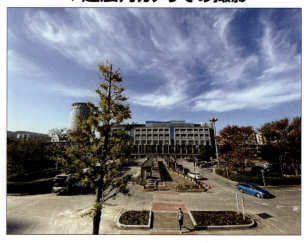

超広角カメラを使えば、より広い範囲（広い角度）をとらえることができて、広がりのある写真が撮影できます。例えば風景写真などで、目の前に広がる美しい景色を、広い範囲で撮影したい時などに使ってみるとよいでしょう。

画面に表示される[1×]をゆっくり上下に（縦に持っている場合は右に）動かすと、ダイヤルが表示されます。[0.5×]にすると、超広角撮影ができます。
P114のように、指で画面を広げたり、狭めたりしても、広角カメラと超広角カメラを切り替えることができます。

7　ナイトモード（暗い所での撮影）

iPhone 11以降では、暗い場所で写真を撮る時にナイトモード（夜間撮影モード）が利用できます。特に意識しなくても、周辺が暗い場所では自動的にナイトモードがオンになるので、とても便利です。ナイトモードでは、暗い場所でも細部まで撮影ができ、写真に明るさが加わります。
暗い場所を撮影する時は手ぶれに十分注意しましょう。ナイトモードがオンになると、画面に露出時間の秒数が表示されます。表示される秒数は周囲の暗さで変化します。表示された秒数の間は撮影されるので、iPhoneを動かさないようにします。

▼暗い場所では自動的にナイトモードがオンになり、マークが表示された状態

▼撮影に必要な秒数が表示された状態

115

8 カメラの切り替え

自分も友だちと一緒に写りたい、シャッターボタンを押してくれる人が誰もいない、などの場合には、カメラを前面側カメラに切り替えて撮影してみましょう。
カメラを自分に向けて撮影したものを、自撮りまたはセルフィーといいます。

① 写真が撮影できる状態で、 ![icon] または ![icon] をタップします。
② カメラが切り替わり、内側（自分）が画面に映ります。シャッターボタンをタップします。

9 動画の撮影

［ビデオ］に切り替えると動画撮影ができます。動画撮影中はiPhoneが揺れないようにしっかり持ちましょう。動きながら撮影すると、映像もぶれてしまいます。動画撮影中はあちらこちらに動かすのではなく、一定の方向にゆっくり動かすようにしましょう。

① シャッターボタンのそばにあるメニューの文字を動かし、［ビデオ］をタップします。
　　［ビデオ］が黄色の文字になっていると動画撮影ができます。

② ● をタップして動画撮影を開始します。

③ 🔴 が 🟥（赤色の四角）になっている時は撮影中です。画面には撮影時間が表示されます。
④ 画面の ⭕ をタップすると、動画を撮りながら写真を撮影できます。
⑤ ⏸ をタップすると、動画の撮影を一時停止できます。⏸ が 🔴 に変わります。もう一度 🔴 をタップすると、動画の撮影が再開されます。

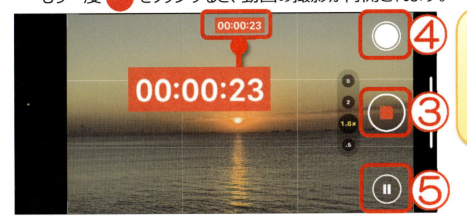

ボタンを押し間違えて、動画撮影ができていない時があります。動画撮影中は、撮影時間が進んでいることを確認しましょう。

⑥ 小さい画像（サムネイル）をタップすると、撮影した動画を見ることができます。

⑦ 🔇 をタップすると動画の音声が聞こえます。⏸ をタップすると動画再生が停止します。
⑧ 再生が終わったら、❌ をタップします。

117

レッスン 2　カメラのメニューと機能

iPhoneは一番身近なデジタルカメラです。雰囲気のいいレストランなどではフラッシュオフで撮影したり、友達との集まりではセルフタイマーを使ったり、風光明媚な場所ではパノラマ撮影したりと、さまざまな撮影方法を知って、楽しく使いこなしましょう。

なお、iPhoneの基本プログラムであるiOSや機種の違いによって、画面にマークが表示されるものと、∧をタップして表示するものがありますが、マークの役割は同じです。

▼画面に ⏲ などのマークが表示されている場合

▼画面にマークが表示されていない場合
（∧をタップすると、マークが表示される）

① フラッシュ …………… フラッシュ自動、オン、オフの切り替えをします。
② ナイトモード ………… 暗い所で自動的にナイトモードが表示されます。（iPhone 11 以降）
③ ライブフォト ………… ライブフォトの切り替えをします。
④ フォトグラフスタイル … 撮影時に、写真のトーンや温かみを調整できます。
⑤ 縦横比 ……………… スクエア（正方形）、4：3、16：9 の切り替えをします。
　　　　　　　　　　　　　シャッターボタンの上にある撮影メニューの文字を動かして［スクエア］に切り替える機種もあります。
⑥ 露出 ………………… 撮影時に、露出が調整できます
⑦ タイマー …………… 3秒、5秒、10秒、タイマーオフの切り替えをします。
⑧ フィルタ …………… 写真にかけるフィルタの切り替えをします。
⑨ カメラの切り替え …… 背面、前面のカメラを切り替えます。

1 連写撮影（バーストモード）

スポーツシーンやペット、小さい子供など、風に揺れる花など、**動きのある被写体**を撮る時は、なかなかピントが合わないものです。このような時は**連写撮影**をしてみましょう。
シャッターボタンが下（縦に持っている場合は左）に動かせる機種は、下に動かしている間だけ、連写撮影ができます。指を離すと、連写撮影が終わります。

シャッターボタンを下（縦に持っている時は左）に動かしている間は「カシャカシャカシャ・・・」とシャッター音がして連写になります。

シャッターボタンが動かない機種は、シャッターボタンに触れたままでいると連写撮影になります。指を離すと、連写撮影が終わります。

シャッターボタンに触れたままだと「カシャカシャカシャ・・・」とシャッター音がして連写になります。

連写で撮影された写真には［バースト（XX 枚の写真）］と表示されます。iPhone が選んだよく撮れている1枚だけが大きく表示されます。

🎎 ワンポイント　連写されたすべての写真を見るには

連写撮影されたすべての写真は次の手順で見ることができます。

① 連写された写真をすべて見たい時は、［バースト（X個）］をタップします。
② 連写されたすべての写真が表示され、左右に動かすと別の写真が見られます。
③ 別の写真を選びたい時は、写真をタップして ✓ にして［完了］をタップします。

バースト（14個）

2　フラッシュの切り替え

フラッシュが［自動］の場合、被写体が暗いと自動的に発光されます。暗い照明のレストランや、フラッシュ撮影禁止の美術館などでは、フラッシュのオン・オフが切り替えられるようにしておきましょう。

全体的に暗いところや夜景などではフラッシュをオンにしても、光が届かなくて逆効果な場合もあります。フラッシュのオン・オフを切り替えて撮り比べてみるのもよいでしょう。

iPhone 11 以降は暗くなるとナイトモードになり、フラッシュなしでもきれいに撮影できます。

［フラッシュ］をタップすると［オン］と［オフ］が切り替えられます。［オン］の時は発光されます。［オフ］にしておけば発光されません。

［フラッシュ］を長押しして［フラッシュ自動］にすると、暗いところでは自動的に発光されます。

3　セルフタイマー機能

時計のマークをタップすると、セルフタイマー機能が使えます。セルフタイマー撮影では、シャッターボタンをタップすると、残り秒数が表示され、設定した秒数で撮影されます。写真は連写され、撮影された写真の中からiPhoneが選んだよく撮れている1枚だけが表示されます。画面に　　　がない時は　　　をタップして表示します。

カメラを切り替えて自分や友達と一緒に撮影するなら 3秒タイマー、三脚などを使ってiPhoneを設置して記念撮影するなら 10秒タイマーと使い分けてみるとよいでしょう。セルフタイマー撮影が終了したら、　　　をタップして［オフ］にしておきましょう。

スマートフォン用の三脚もあります。旅行先、家族や友人との集まりに使ってみると撮影も楽しくなりますよ。

4 ライブフォト

iPhoneには「押すと動く写真」が撮れるライブフォト（Live Photos）という機能があります。ライブフォトは、シャッターボタンをタップする前後1.5秒ずつ、合計3秒間の映像と音声が保存されます。撮影の前後が記録されるので、撮影後もiPhoneをしっかりと持ってすぐに動かさないようにしましょう。ライブフォトの時はシャッター音が通常と異なります。「ピポッ」という静かな音になります。
ライブフォトが楽しめるのは、iPhone同士ですが、ほかのスマートフォンやパソコンに送ったライブフォトの写真は静止画として楽しめます。

① ![icon] をタップします。![icon] または ![icon] になり、ライブフォトが撮影できる状態になります。
② シャッターボタンをタップすると、「ピポッ」という音がしてライブフォトが撮影されます。撮影の前後1.5秒も記録されるので、シャッターボタンをタップしてもすぐにiPhoneを動かさないようにします。
③ 撮影中は LIVE と表示されます。
④ 小さい画像（サムネイル）をタップすると、撮影した写真をすぐに見ることができます。
⑤ 写真（ライブフォト）を強く押します。初めはぼやけていた写真が動き出します。

5 撮影メニューの切り替え

iPhoneのシャッターボタンのそばにある文字をゆっくり動かすと、[タイムラプス][スロー][シネマティック][ビデオ][写真][ポートレート][パノラマ]とメニューを切り替えることができます。

文字のある部分をゆっくり動かすとメニューが切り替えられます。

121

6 ポートレート撮影

iPhone Xシリーズ以降のすべての機種には**ポートレート**というメニューがあります。ポートレートを使えば、背景をほどよくきれいにぼかしつつ、被写体を際立たせた写真が撮影できます。また、人物を撮る時に有効な照明効果も用意されています。
ポートレート写真を撮りたい時は、[ポートレート]をタップして被写体にカメラを向けます。被写体に近すぎたり、遠すぎたり、また周囲が暗すぎたりすると、画面にメッセージが表示されるので、画面の指示に従って撮影します。
前面側カメラ（P116参照）での撮影時にもポートレート撮影ができます。

① [ポートレート]をタップします。説明が表示されたら、[続ける]をタップします。
② ポートレート撮影ができる状態になると[自然光]と表示されます。画面の指示（離れてください、近づいてくださいなど）に従って、撮影します。

ポートレート撮影には[自然光]以外に、被写体をさらに明るくしたり、背景が黒になったりする次のような照明効果が用意されています。
最初に[自然光]と表示されるので、[自然光]を左に動かして、照明のメニューを切り替えます。

▼スタジオ照明　▼コントゥア照明　▼ステージ照明　▼ステージ照明（モノ）　▼ハイキー照明（モノ）

7 スローモーション、タイムラプス

ここで説明している機能は動画撮影の時に利用すると効果的なものです。
スローモーション撮影は、部分的にスローになって再生されます。ダンスやスポーツ、ペットや子供など、動きの速いものに使ってみると思わぬ動きが撮れて楽しい動画になります。
タイムラプスは数秒おきに撮影した写真を自動的につなげて動画にする機能です。例えば1時間ほどタイムラプスで撮影したものが、何十秒かの動画になります。
iPhone を三脚に固定し、空の動きや、夜景、移動の車中などを撮影してみると楽しいでしょう。タイムラプスは写真をつなぎ合わせたものなので音声は入りません。

① シャッターボタンのそばにあるメニューの文字をゆっくり動かし、[スロー]または[タイムラプス]をタップして切り替えます。メニューが黄色の文字になっていると撮影ができます。

② ● をタップして撮影を開始します。

③ ■ をタップして撮影を終了します。

④ シャッターボタンのそばにある小さい画像（サムネイル）をタップすると、撮影した動画が見られます。

8 パノラマ撮影

パノラマ撮影は iPhone で1枚ずつ撮影した写真を合成してパノラマ写真になります。iPhone をゆっくり動かして写真を自動的に何枚も撮影し、最後につなぎ合わせます。
撮影は簡単です。シャッターボタンをタップしてパノラマ撮影を開始したら、画面中央に表示された黄色の線に沿って iPhone をゆっくり動かします。その間 iPhone が自動的に写真を何枚も撮影してくれます。矢印が右端までいくとパノラマ撮影は自動的に終了となります。途中でもシャッターボタンをタップしたところで、パノラマ撮影は終了となります。

① iPhone を縦に持ちます。
② シャッターボタンのそばにある[写真]の文字を動かし、[パノラマ]をタップして切り替えます。

123

③ シャッターボタンをタップすると、パノラマ撮影の開始です。
④ 画面中央に表示される黄色の線の矢印に合わせながら、iPhone をゆっくり水平に動かします。速すぎると「ゆっくり」などと表示されます。
⑤ シャッターボタンをタップすると、横長のパノラマ撮影の終了です。
⑥ シャッターボタンのそばにある小さい画像（サムネイル）をタップすると、撮影したパノラマ写真を見ることができます。

iPhone を横に持って、縦方向に動かしてパノラマ撮影すると、縦長のパノラマ写真が撮影できます。

iPhone を縦に持てば横長のパノラマ撮影が、iPhone を横に持てば縦長のパノラマ撮影ができます。
1枚の写真に収めきれない景色や眺望は、パノラマ写真で残しておきたいですね。

124

レッスン3　撮影した写真や動画を見る

iPhoneで撮影したすべての写真や動画は、ホーム画面の[写真]に保存されます。写真や動画は[ライブラリ]と[写真]に分類されます。
[ライブラリ]では、写真や動画は[年別][月別][すべて]と時系列に分類されます。
[写真]では、写真や動画は最近撮影したもの、人別、また[ビデオ][セルフィー][最近削除した項目]などと、種類別に分類されます。

1　[ライブラリ]と[写真]の切り替え

[ライブラリ]と[写真]は画面を上下に動かすことで切り替えができます。写真アプリの上の方を見るか、下の方を見るかで写真の見え方が変わります。
上の方にあるのが[ライブラリ]で、そこには写真が時系列に並びます。
下の方にあるのが[写真]で、そこには写真が種類別に並びます。

① ホーム画面の　　　[写真]をタップします。
② 画面左上に[ライブラリ]と表示されていれば、[ライブラリ]を見ていることになります。写真が時系列に並び、上の方が古い写真、下の方が新しい写真となります。
③ 画面を上に動かします。途中で[写真]と表示されます。写真が種類別に分類されます。
④ 写真の一覧状態（ライブラリ）で見たい写真をタップすると、大きく表示されます。位置情報サービスがオンになっていれば、撮影地が表示されます。
⑤ [×]をタップすると、写真の一覧表示に戻ります。

2　［ライブラリ］を利用した写真の分類

［ライブラリ］では撮影日時によって写真や動画が分類されます。

① ［ライブラリ］を表示します。画面の左上に［ライブラリ］と表示されていない時は画面を下に動かします。
② ［年別］をタップすると、写真が撮影年別に表示されます。
③ ［月別］をタップすると、写真が撮影月別に表示されます。
④ ［すべて］をタップすると、写真がすべて表示されます。

3　［写真］を利用した写真の分類

［写真］では種類別に写真や動画が分類されます。［地図］をタップすると、撮影した写真や動画が地図に表示されます。地図に表示された写真をタップすると、その場所で撮影した写真や動画が表示されます。位置情報サービスがオンになっていれば、iPhoneで撮影した写真や動画は自動的に撮影地別に分類されたり、地図に現在地を示したりすることができます。旅行先で撮影した写真が地図に示されるので、どこで撮影したかがわかるためとても便利です。

① 画面を上下に動かして［写真］を表示します。
② ［地図］をタップします。
③ 地図に写真が表示されます。数字は、その場所で何枚撮影したかを示しています。写真をタップすると、大きく表示されます。

その場所で撮影された写真が表示されます。

④ ［×］をタップすると、地図の画面に戻ります。
⑤ ［×］をタップすると、［写真］の画面に戻ります。
⑥ ［メモリー］には、写真の撮影日時や、場所、写っている人やものなどから、自動的にBGM付きのスライドショーが表示されます。左右に動かすとほかのメモリーも表示されます。
⑦ 画面を上に動かし［メディアタイプ］を表示します。［ビデオ］には、撮影した動画が表示されます。左に動かすと［パノラマ］や［スローモーション］などの項目が表示されます。
⑧ ［ユーティリティ］の［最近削除した項目］には、削除した写真や動画が表示されます。

ワンポイント　写真の位置情報

撮影した写真をインターネットに公開したりすると、位置情報から自宅の場所がわかるという可能性があります。**写真から撮影場所が特定されるのを避けたい場合**は、カメラの位置情報サービスをオフにして写真を撮るとよいでしょう。位置情報は写真の整理整頓にも便利なものなので、必要に応じてオン／オフの切り替えができるようにしておきましょう。

① ホーム画面の　　　［設定］をタップします。
② 画面を上に動かし、［プライバシーとセキュリティ］をタップします。
③ ［位置情報サービス］をタップします。
④ ［位置情報サービス］が　　　オンになっていることを確認します。位置情報サービスをオンにしているサービスが表示されます。
⑤ 撮影時の位置情報サービスをオフにしたい場合は、［カメラ］をタップして［しない］をタップします。

127

レッスン4　写真や動画の編集や選別

iPhoneでは簡単に**写真の編集**ができます。また気に入った写真に目印を付けたり、**アルバム**にまとめたりすることができます。

1　写真から検索

iPhoneで撮影した写真やビデオから、被写体を調べることができます。のマークが変わっていたら、検索ができます。植物、花や動物、ペット、ランドマークなどを特定し、それらの情報を調べることができます。

① 写真の下に が表示されている写真は、写真から情報が検索できます。 をタップします。
　 は鳥、 は植物、 はランドマークなどが調べられます。

② 写真の中の検索の対象となるものの輪郭が光るアニメーションが表示されます。

③ ［調べる］をタップします。［続ける］が表示されたら、［続ける］をタップします。

④ 写真から情報が検索できます。

⑤ ［×］をタップします。

⑥ をタップすると、検索画面が非表示になります。

⑦ ［×］をタップすると、写真一覧に戻れます。

2　写真の編集

iPhoneの写真編集メニューで写真を編集してみましょう。撮影した時に少し暗くなってしまったもの、傾いてしまったもの、鮮やかさに欠けたものなどは**補正**することができます。編集した写真は、すぐに元の状態に戻すこともできます。

① 撮影情報を見たい写真をタップし、写真を上に動かすと、撮影時の情報が表示されます。写真を下に動かすと元の画面に戻れます。

② 編集したい写真をタップし、 をタップします。

③ 画面下に写真編集メニューが表示されます。ポートレートで撮影した写真には、ポートレートの照明効果のメニューが表示されます。

128

❶ スタイル .... iPhone 16 シリーズの新機能です。写真にスタイルを追加して、色や色合いなどを自分好みに微調整できます。

❷ ポートレート .... iPhone X シリーズ以降のすべての機種で使用できるポートレート撮影の写真は、あとから照明効果を変えたり、背景をぼかしたりすることなどができます。

❸ 調整 .... 16 種類のメニューがあります。それぞれのメニューをタップすると、表示される目盛りを動かして、細かく調整ができます。

❹ フィルタ .... モノクロなどのフィルタが用意されています。

❺ 切り取り .... 写真をトリミングできます。また用意された比率の中から選択することもできます。写真の傾きも修正できます。

❻ クリーンアップ .... iPhone 15 Pro シリーズ、iPhone 16 シリーズに追加された、写真から不要なものを簡単に削除できる機能です。

［調整］には次のメニューが用意されています。

- 自動
- ブリリアンス
- シャドウ
- 明るさ
- 彩度
- 暖かみ
- シャープネス
- ノイズ除去

- 露出
- ハイライト
- コントラスト
- ブラックポイント
- 自然な彩度
- 色合い
- 精細度
- ビネット

調整のメニューは画面を左右に動かして切り替えます。

調整した写真を保存する場合は画面右上の ✓ をタップします。

左右に動かして 16 種類のメニューを切り替えます。

129

▼調整：明るさ

[明るさ]をタップし、表示される目盛りを左右に動かすと明るさが変わります。

▼調整：彩度

[彩度]をタップし、表示される目盛りを左右に動かすと鮮やかさが変わります。

[切り取り]では、写真のトリミングや反転、回転、傾きの調整ができます。

▼切り取り：トリミング

[切り取り]をタップし、四隅を動かすと自由にトリミングができます。右上の▱をタップすると、[オリジナル][スクエア][壁紙][9:16]などの縦横比が表示されます。

▼切り取り：反転、回転、傾き

左上の▲▲[反転]▱[回転]をタップ、写真が反転、回転できます。

●をタップし、表示される目盛りを左右に動かすと傾きが補正できます。

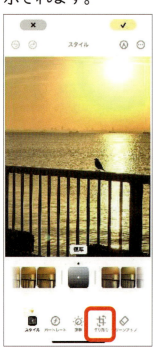

130

［フィルタ］には［オリジナル］以外に10種類のフィルタが用意されています。写真全体にフィルタの効果がかかります。

［スタイル］で写真の中の特定の色を調整して、好みの色味が作成できます。肌の色や空の色などもよりきれいに調整ができます。

フィルタをタップし、用意されたフィルタをタップします。それぞれ、目盛りを動かしてさらに調整できます。

スタイルをタップし、ドットの並ぶ四角をタップします。ドットの並ぶ四角の中を上下左右に動かすと色味が変わります。

iPhoneで編集した写真はいつでも元の状態（オリジナル）に戻すことができます。

① 編集したものを元に戻したい場合は、もう一度 をタップします。
② 元に戻す をタップします。
③ ［オリジナルに戻す］をタップします。写真が編集前の状態に戻ります。

3 写真や動画の削除

iPhone の容量によって保存できる写真や動画の数は異なりますが、特に**動画は多くの容量を必要とする**ので、不要なものは削除しておくとよいでしょう。似たような構図をたくさん撮影してしまったり、写りが悪かったりした写真や動画は簡単に削除することができます。なお、削除したものは一定の日数（最大 40 日）が経過すると完全に削除されます。

① 画面に［ライブラリ］が表示されている状態で、削除したい写真を見つけます。
② ［選択］をタップします。
③ 削除したい写真または動画をタップし、✓を付けます。
④ 🗑 をタップします。
⑤ ［写真 XX 枚を削除］（動画などを含む場合は［XX 個の項目を削除］）と表示されたら、タップします。
⑥ 画面を上に動かし、［写真］の［ユーティリティ］に表示される［最近削除した項目］をタップすると、削除した写真や動画を確認できます。

ワンポイント　削除した写真などを復元するには

間違って削除してしまったものや、もう一度元に戻したいものがあったら、削除してから一定期間内であれば次のようにして復元できます。

① ［写真］に表示される［最近削除した項目］をタップします。
② 画面右上の［選択］をタップします。
③ 元に戻したい写真や動画をタップして ✓ を付けます。
④ ［復元］をタップすれば、選択したものだけを元に戻せます。

4　お気に入りにまとめる

気に入った写真にはマークを付けて[お気に入り]にまとめておけます。マークはタップして簡単に付けたり外したりできるので、写真に目印を付ける感覚で気軽に使ってみましょう。

① 気に入った写真をタップし、画面下の ♡ をタップすると ♥ に変わります。
② 画面右上の[×]をタップし、写真の一覧に戻ります。
③ 画面を上に動かし、[写真]に表示される[ピンで固定したコレクション]の[お気に入り]をタップします。
④ ♥ を付けた写真だけが表示されています。画面を上に動かすとほかのお気に入り写真も表示されます。
⑤ 写真をタップし、♥ をタップすると ♡ に変わり、[お気に入り]から削除されます。

5　アルバムの作成と削除

写真は好きな名前を付けたアルバムにまとめておくことができます。[お気に入り]とは別に、「箱根家族旅行」「洋子結婚式」「たつや七五三」「同窓会 30 周年」など、好きな名前を付けてアルバムに写真を分類しておくことができます。

アルバムはいくつでも作ることができます。iPhone から写真を印刷する時や、アプリなどを使ってスライドショー、ムービー作成、写真コラージュなどの作品を作る時に、アルバムに分類されていれば写真も選びやすく、たくさんの中から写真を見つけるのにとても便利です。

必要なくなったアルバムはいつでも削除できます。アルバムは写真を分類するためのものなので、アルバムを削除しても、その中に追加された写真が削除されることはありません。

133

① ［写真］に表示される［アルバム］をタップします。
② 左上の［作成］をタップし、［新規アルバム］をタップします。
③ 新規アルバムの名前を入力し、［＋］をタップします。
④ 写真が表示されます。アルバムにまとめたい写真をタップし、✓を付けます。［追加］をタップします。

⑤ ［完了］をタップします。
⑥ 新しくアルバムが作成されます。
⑦ 削除したいアルバムを長めに押し、［アルバムを削除］をタップします。
⑧ ［"アルバム名"を削除］と表示されます。［アルバムを削除］をタップします。
⑨ ［×］を押して［写真］の画面に戻ります。

6 ホーム画面の壁紙として写真を設定

iPhoneの壁紙を、自分で撮った気に入った写真に変更してみましょう。壁紙は、ホーム画面とロック画面それぞれ別のものを設定することができます。

① 気に入った写真を表示し、画面下の □ をタップします。
② メニューを上に動かし、［壁紙に設定］をタップします。
③ 設定した写真は位置を動かしたり、広げて大きくしたりできます。写真の配置が決まったら、［追加］をタップします。
④ ［壁紙を両方に設定］をタップします。

▼ロック画面　　▼ホーム画面

手順④で［ホーム画面をカスタマイズ］をタップすると、［カラー］［グラデーション］［写真］の中から、好きなものを選択してホーム画面の壁紙に設定することができます。

135

レッスン 5　Google フォトでの写真のバックアップ

iPhone で撮った写真や動画は、iPhone 本体に保存されます。万が一、iPhone 本体を紛失したり故障したりすると、保存してある写真や動画を失ってしまうことになりかねません。写真や動画は、iPhone 本体とは別の場所にもコピーしておくことが望ましいです。これをバックアップといいます。

1　Google フォトとは

ここでは Google 社の Google フォト（グーグルフォト）を使って写真や動画のバックアップをします。Google フォトには、自動バックアップという機能があります。

前述した通り、iPhone 本体の故障や紛失などがあった場合、それらの写真が見られなくなることがあります。このような時に便利な機能が自動バックアップです。自動バックアップの設定をしておけば、一定の条件のもと、iPhone で撮った写真が次々とインターネット上の自分専用の場所に保存されるようになります。

Google フォトでは、指定する画像サイズに設定した場合、15GB（ギガバイト）までは無料でバックアップされます。Apple 社にも iCloud（アイクラウド）という同様の仕組みがあります。こちらは 5GB（ギガバイト）までは無料でバックアップされます。Google フォトも iCloud も、容量を超えた分については毎月料金を払って利用します。

Google フォトは、Google アカウントを持っていれば誰でも利用できます。同じ Google アカウントを使っていれば、利用している機種に関係なく同じ写真を見ることができます。

▼Apple 社の iCloud の場合

無料で使える容量（5G）を超えると、［ストレージの使用量が上限に達しました］と表示されます。それ以上を利用したい時は、［iCloud ストレージを追加］をタップし、有料プランに切り替えます。

▼Google 社の Google フォトの場合

［元の画質］よりも［保存容量の節約画質］の方を選んでおけば、より多くの写真と動画を保存することができます。
Google フォトにも有料プランがあります。

容量によって月々の金額が異なります。

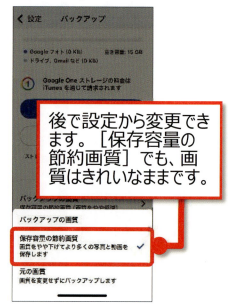

後で設定から変更できます。［保存容量の節約画質］でも、画質はきれいなままです。

2 Googleアカウントの作成

Googleフォトを利用する場合、Googleアカウント（Gmailアドレス）が必要になります。初めて利用する場合は、Googleフォトのアプリの画面から、Googleアカウントを作成できます（Googleフォトの追加はP88参照）。
Googleアカウント作成の途中で、確認のため携帯電話番号宛に6桁の数字が送られます。すぐに書き留めておけるよう、メモなどを用意しておきましょう。
すでにGoogleアカウントを持っていて、そのパスワードも覚えている方は、手順⑦に進み、Gmailアドレスとパスワードを入力して進んでください。パスワードを忘れてしまっている方は、下記の手順で新規に作り直しても構いません。
作成したGoogleアカウントは、Googleフォトで利用していますが、Gmailというメールアドレスとしても有効に利用できます（P75 参照）。Googleアカウントがあれば、iPhone以外（iPadやパソコン）にも設定できます。

① ホーム画面の  ［Googleフォト］をタップします。
② ［思い出を安全に保存しましょう］と表示されます。［ログイン］をタップします。
③ ［"Googleフォト"がサインインのために"google.com"を使用しようとしています。］と表示されたら、［続ける］をタップします。
④ ［アカウントを作成］をタップし、［個人で使用］をタップします。［次へ］をタップします。
※Googleアカウントを持っている場合は、ここでメールアドレス、次にパスワードを入力します。

⑤ ［Googleアカウントを作成］と表示されたら、［姓］［名］を入力し、［次へ］をタップします。
⑥ ［生年月日］［性別］を入力し、［次へ］をタップします。
⑦ ［Gmailアドレスの選択］と表示されたら、［自分でGmailアドレスを作成］をタップします。
⑧ 希望するメールアドレスを入力し［次へ］をタップします。ここで入力したものが、Googleアカウントとして使用されます。
※アルファベット、数字、ピリオドだけが使用できます。すでに存在するユーザー名と同じものは使用できません。

137

⑨ ［安全なパスワードの作成］と表示されたら、8文字以上でパスワードを入力し、［次へ］をタップします。
⑩ ［ロボットによる操作でないことを証明します］と表示されたら、携帯電話番号を入力し、［次へ］をタップします。
⑪ Googleからショートメールに届く6桁の数字を入力し、［次へ］をタップします。
⑫ ［アカウント情報の確認］と表示されたら、メールアドレスと携帯電話番号を確認し、［次へ］をタップします。

⑬ ［プライバシーと利用規約］の画面を上に動かし［同意する］をタップします。
⑭ ［Googleフォトのバックアップを開始しましょう］の画面では［開始する］をタップします。
⑮ ［"Googleフォト"は通知を送信します。よろしいですか？］の画面では［許可］をタップします。
⑯ ［被写体の顔に基づいて写真を分類］の画面では［許可］をタップします。
⑰ ［バックアップを続行するには、写真へのアクセスを許可してください］の画面では［続行］をタップします。
⑱ ［"Googleフォト"から写真ライブラリにアクセスしようとしています］の画面では［フルアクセスを許可］をタップします。

138

		年　　　月　　　日　取得
Google アカウント		＠gmail.com
パスワード		

ワンポイント　［保存容量の節約画質］の設定

Google フォトは 15GB（ギガバイト）までは無料で利用できますが、［保存容量の節約画質］の設定をしておけば、より多くの写真や動画を保存しておくことができます。

① 右上の名前をタップします。
② 画面を上に動かし［Google フォトの設定］をタップします。
③ ［バックアップ］をタップします。
④ 画面を上に動かして［バックアップの画質］をタップし、［保存容量の節約画質］をタップします。
⑤ ［＜］をタップして Google フォトの画面に戻ります。

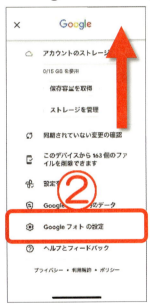

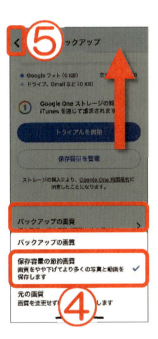

139

3 写真の自動バックアップ

Googleフォトで一度設定しておけば、以降はWi-Fi（ワイファイ）の利用できる場所にいると、自動的にバックアップが行われます。時々Googleフォトを開いて、写真や動画のバックアップができているか確認するとよいでしょう。Googleフォトを開いていると、バックアップが迅速に行われます。

🌼［写真］で見ている写真や動画は、iPhone本体に保存されているものです。

🌸［Googleフォト］で見ている写真や動画は、同じものであってもインターネット上に保存されているものです。もしiPhoneが故障したり、紛失したりしても、Googleアカウントがわかっていればインターネット上の写真や動画が失われることはありません。

① ホーム画面の 🌸 ［Googleフォト］をタップします。
② iPhoneで撮影した写真のバックアップが始まります。バックアップ中は写真に ⬆ が表示されます。バックアップされた順に ⬆ が消えていきます。
③ 画面右上に表示されている名前をタップします。
④ ［バックアップ中］と表示されたら、バックアップの最中です。
　　［バックアップ］と表示されたら、写真や動画のバックアップは完了です。

ホーム画面の 🌼 ［写真］と、ホーム画面の 🌸 ［Googleフォト］には同じ写真がありますが、［Googleフォト］はインターネット上の保管場所（クラウド）に保存した写真です。同じ写真が2枚あると勘違いして、どちらかを消してしまわないように気をつけましょう。

第8章

iPhone の便利な機能や アプリを利用しよう

レッスン1　メモの使い方 …………………………………… 142

レッスン2　カレンダーの使い方 ……………………… 145

レッスン3　時計の使い方や天気の調べ方 ………… 147

レッスン4　音楽の購入や映画のレンタル ………… 150

レッスン5　Siri の使い方 ………………………………… 155

レッスン6　AirDrop を使った写真交換 ………… 157

レッスン7　カメラでの QR コードの読み取り ……… 159

レッスン8　スクリーンショットの利用 ……………… 160

レッスン9　Apple Pay の設定 ………………………… 161

レッスン10 データのバックアップ ………………… 165

レッスン 1　メモの使い方

メモは手軽な備忘録の代わりに使うことができます。覚えておきたいこと、やるべきことなどを書き留める手軽なノート代わりに使ってみましょう。

1　チェックリストの作成

メモを使うと、簡単に**チェックリスト**を作ることができます。チェックリストは用件が終わったものをタップすると、チェックが表示されます。「買い物メモ」「お土産メモ」「やることメモ」など、忘れないようにメモを使ってチェックリストを作っておくと便利です。**1行目に入力した文字がメモのタイトルになります。**メモ一覧で見た時にわかりやすいよう、1行目にはメモの内容がわかるものを入力しておきましょう。ここでは買いたい本のリストを作成します。

① ホーム画面の　　　[メモ] をタップします。
② メモ一覧の画面下にある　　　をタップします。
③ メモが表示されたら、「買いたい本」と入力し、キーボードの [改行] をタップします。
④ 　　　をタップします。○が表示されます。
⑤ 本のタイトルを入力し、キーボードの [改行] をタップします。
⑥ 改行すると自動的に○が表示されます。続けて入力します。余分な改行によって○が入力された時は、キーボードの　　　をタップして削除します。
⑦ チェックリストの○をタップすると✓になります。[自動並べ替えを有効にしますか？] と表示されたら、[並べ替えを有効にする] をタップします。✓になったものが下に移動します。

買いたい本（改行）

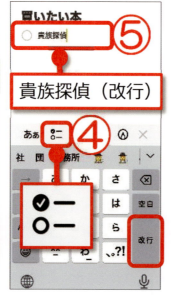

貴族探偵（改行）

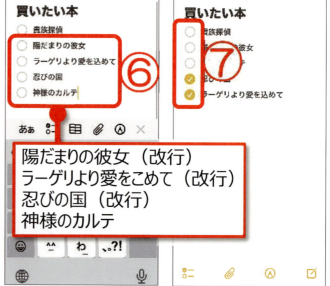

陽だまりの彼女（改行）
ラーゲリより愛をこめて（改行）
忍びの国（改行）
神様のカルテ

⑧ 入力が終わったら、[＜メモ]をタップします。
⑨ メモ一覧の画面になります。1行目がタイトルとして表示されています。

2　箇条書きや番号付きのメモの作成

メモにはあらかじめ用意された**本文、箇条書き、番号付き**などのスタイルがあります。
スタイルを選んでから入力すると、自動的に箇条書きになったり、番号が付いたりします。
必要のないメモは、メモ一覧の画面で削除することができます。

① メモ一覧の画面下にある ▢ をタップします。
② 1行目に「防災訓練について」と入力し、キーボードの[改行]をタップします。
③ **ああ** をタップすると、スタイル一覧が表示されます。
④ 好みのスタイル（ここでは段落番号）をタップし、✖ をタップします。
⑤ 文字を入力すると、選択したスタイルによって番号が振られたり、箇条書きになったりします。
⑥ 入力が終わったら、[＜メモ]をタップします。メモ一覧の画面になります。
⑦ メモ一覧の画面で、削除したいメモをゆっくり左に動かし、[ゴミ箱]をタップします。
⑧ [削除したメモは"最近削除した項目"フォルダに移動されます]と表示されたら[OK]をタップします。メモが削除されます。

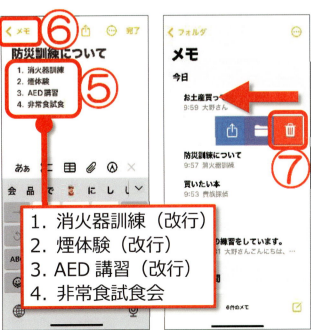

143

3 手書きメモの作成

メモには鉛筆、マーカー、ペンなどを使って**手書き**ができます。サイズや番号を素早く書き留めたり、筆談に使ったりすることもできます。

① メモ一覧の画面下にある ▱ をタップします。
② メモが表示されたら、「棚のサイズ」と入力し、キーボードの［改行］をタップします。
③ ⓐ をタップします。
④ ペンの種類が表示されます。使いたいペンをタップします。ペンの部分を左に動かすと、他のペンの種類が表示されます。選ぶペンによって線の太さが違います。
　 ペンを選択後、もう一度タップすると、ペン先の太さや色の透明度が選べます。
⑤ ● をタップすると、ペンの色が選択できます。色を選択したら、［×］をタップします。
⑥ 指で図形を描いた後で、そのまま指を離さずにいると、きれいな図形に補正されます。
⑦ 書き直したい時は ▱ をタップし、消したいところを指でなぞります。
⑧ ⟲ をタップすると、1操作ずつ元に戻すことができます。
⑨ 書き終わったら、［＜メモ］をタップします。メモ一覧の画面になります。

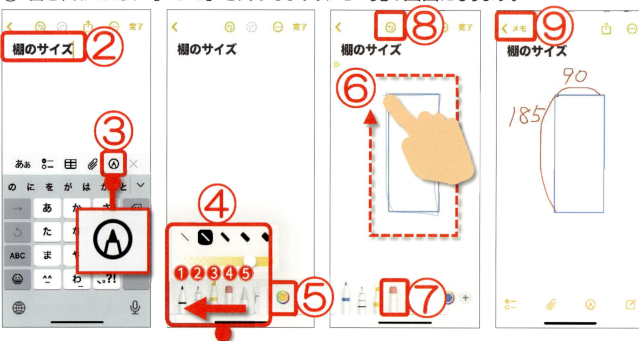

❶ペン　❷鉛筆　❸蛍光ペン　❹消しゴム
❺選択ツール：描いた部分を指で囲んで選択し、移動できます。

4 メモを使った書類のスキャン

メモアプリを使って、**手書きの紙や書類を**スキャンすることができます。書類を撮影するのではなくメモアプリでスキャンすると、書類は四角形に整い、光も反射せずに読みやすい状態で保存できます。手書きの紙や書類や名刺、配布物などをスキャンしてみましょう。
スキャンするものを濃い色のテーブルや背景に置くと、スキャンする範囲がはっきりして、読み

144

取りやすくなります。初期設定ではスキャンは自動的に行われるので、自分でボタンなどを押したりタップしたりする必要はありません。ここでは、チラシをスキャンしています。

① メモ一覧の画面下にある ▭ をタップします。
② ⫻ をタップします。
③ ［書類をスキャン］をタップします。
④ スキャンしたい書類にiPhoneをかざします。しばらく待つと、スキャンしたい範囲が黄色で選択され、シャッター音がして自動的に書類がスキャンされます。
同時にスキャンしたいものがある時は、書類を取り換えてiPhoneをかざします。
⑤ ［保存］をタップします。書類が取り込まれます。
⑥ スキャンが終わったら、［＜メモ］をタップします。メモ一覧の画面になります。

レッスン2　カレンダーの使い方

iPhoneのカレンダーは、日付を確認するだけでなく、スケジュール帳の感覚で使うことができます。カレンダーに書き込んだスケジュールは、今日の予定として通知されます。

1　カレンダーの切り替え

カレンダーは日付単位、月単位、年単位で表示できます。どの年月日を見ていたとしても、［今日］をタップすると、今日のカレンダーに戻ることができます。

① ホーム画面の [8] ［カレンダー］をタップします（カレンダーのアイコンにはその日の日付が表示されます）。
［"カレンダー"の新機能］と表示されたら、［続ける］をタップします。また、［"カレンダー"に位置情報の使用を許可しますか？］と表示されたら［アプリの使用中は許可］を、［"カレンダー"は通知を送信します。よろしいですか？］と表示されたら［許可］をそれぞれタップします。

145

② 日付単位のカレンダーが表示されます。左右に動かすと、別の日が見られます。
③ 画面左上に表示されている月をタップすると、月単位のカレンダーが表示されます。
④ 月単位のカレンダーを上下に動かすと、別の月が見られます。
⑤ 画面左上に表示されている年をタップすると、年単位のカレンダーが表示されます。
⑥ 年単位のカレンダーを上下に動かすと、別の年が見られます。見たい月をタップすると、月単位のカレンダーが表示されます。
⑦ ［今日］をタップすると、今日の日付に戻ります。

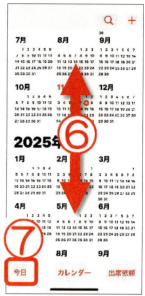

2　予定の入力、編集、削除

「何時」から「何時」、「何日」から「何日」と決まっている予定を書き込んでみましょう。どの月を表示していても、カレンダーの［+］をタップすれば、すぐに予定を入力できます。

■予定の入力

① ＋ をタップします。
② ［新規予定］の画面が表示されます。［タイトル］をタップし、予定を入力します。
③ ［開始］をタップし、カレンダーの日付をタップして選びます。
④ 開始時刻をタップし、表示された数字を上下に動かして入力します。
⑤ ［終了］をタップし、同じように日付や時刻を設定します。
⑥ ［追加］をタップします。
⑦ カレンダーに予定が書き込まれます。

■ 予定の編集、削除

予定の変更や追加があった時は、次の手順で編集することができます。ここでは書き込んだ予定の時間を変更しています。また、［予定を削除］で予定の削除ができます。

① 編集したい予定をタップします。
② ［編集］をタップします。
③ 予定の内容を編集し、［完了］をタップします。
④ 削除したい予定をタップします。
⑤ ［予定を削除］をタップします。
⑥ 表示されたメニューの［予定を削除］をタップすると、予定が削除されます。

レッスン 3　時計の使い方や天気の調べ方

iPhone の時計は時刻を知るためだけでなく、目覚まし時計やストップウォッチ、タイマーにもなります。また、現在地や登録した複数の都市の天気を簡単に知ることができます。

1　時計の便利な機能

iPhone はタイマーやストップウォッチとしても使えます。キッチンタイマーの代わりにしたり、運動で使ったり、ちょっとした時間を計ったりするのに便利です。

① ホーム画面の ［時計］をタップします。
② 画面下のマークをタップして切り替えます。

▼世界時計　　▼アラーム　　▼ストップウォッチ　　▼タイマー

147

2 世界時計

家族や友人が海外にいる場合、現地は今何時かを知るのに便利なのが世界時計です。世界各国の都市も簡単に追加できます。

① 🌐 ［世界時計］をタップします。
② ＋ をタップします。
③ 都市名が表示されます。タップすると都市が追加されます。［検索］ボックスをタップし、都市名を入力して検索もできます。
④ 追加した都市を削除したい時は、都市名をゆっくり左に動かして［削除］をタップします。

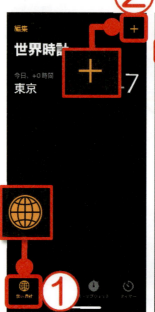

3 アラーム

アラームはいくつでも簡単に設定できます。メニューにある［スヌーズ］とは英語で「居眠り」という意味です。アラームを止めた後で二度寝してしまうのを防止するために、アラーム時刻の9分後にもう一度アラーム音が鳴ります。設定時に［スヌーズ］を［オフ］にすることもできます。

① ⏰ ［アラーム］をタップします。
② ＋ をタップします。
③ 表示された時刻を上下に動かして、時刻を入力します。
④ ［繰り返し］をタップします。
⑤ 曜日が表示されます。アラームを使いたい曜日をタップし、チェックを表示します。
⑥ ［＜戻る］をタップします。

⑦ ［スヌーズ］が オンになっていることを確認し［保存］をタップします。
⑧ アラームをタップすると オンと オフが切り替えらえます。
⑨ アラームを削除したい時は、時刻をゆっくり左に動かして［削除］をタップします。

4　天気を調べる都市の追加

天気を見てみましょう。天気には位置情報で取得された現在地や、調べたい場所などを追加することができます。1週間分の天気予報がわかります。

① ホーム画面の ［天気］をタップします。［"天気"に位置情報の使用を許可しますか？］と表示されたら、［アプリの使用中は許可］をタップします。説明が表示されたら、［続ける］をタップします。
② その日の天気が表示されます。左右に動かすと、1日の天気がわかります。
③ 上下に動かすと、週間天気予報と、その日の天気の詳細が表示されます。
④ 画面下の をタップします。
⑤ をタップし、［検索］ボックスに追加したい地名を入力します。
⑥ ［追加］をタップします。
⑦ 地名が追加されます。タップすると、その場所の天気が表示されます。

レッスン 4　音楽の購入や映画のレンタル

iTunes Store には音楽、本、映画が揃っています。音楽は試聴してから購入できます。本のサンプルが読めたり、映画の予告編を見たりできます。音楽、本、映画を入手するのは iTunes Store からですが、**音楽は [ミュージック]、本は [ブック]、映画は [Apple TV]** というアプリを利用して楽しみます。

1　音楽、本、映画を楽しむためのアプリ

iPhone には Apple 社が運営する次のような専用ショップのアプリが最初から用意されています。24 時間 365 日利用できる「音楽・映画ショップ」「書店」というイメージです。音楽は試し聞きができるほか、定額料金を払えば聴き放題の音楽サービス (Apple Music) があります。映画は数百円でレンタルができます。

	App Store（アップストア） 有料・無料のアプリが常時、多数用意されています。アプリは検索したり、ランキングから探したりできます。
	iTunes Store（アイチューンズストア） 音楽、ミュージックビデオなどが多数用意されています。音楽は 90 秒間試聴ができ、1 曲から購入できます。 映画は予告編を見られます。
	Apple Music（アップルミュージック） iTunes Store から購入した曲が管理できます。また、約 7500 万曲の音楽が 1ヶ月 1080 円（最初の 1ヶ月は無料）で聴き放題のサービスがあります。
	Apple TV（アップルテレビ） 映画・ドラマ・アニメなどのレンタル、購入、管理を行うアプリです。
	Apple Books（アップルブックス） 電子書籍を閲覧するためのアプリです。小説や漫画、最新のベストセラー、無料で入手できる書籍などが用意されています。本の試し読みもできます。
	Apple Podcast（アップルポッドキャスト） インターネットを通じて音声や動画を配信するサービスです。ニュース、ラジオ番組や語学学習などが定期的に配信されます。

2　Apple ギフトカードの利用

有料のアプリや音楽、本などを購入する時は、コンビニエンスストアなどで売っているプリペイド式の Apple ギフトカードを利用するとよいでしょう。Apple ギフトカードに記載されている額面分、有料アプリの購入や音楽、本の購入、映画のレンタルなどができます。
ここでは先に額面分のチャージをしてから有料アプリや音楽、本などを購入する方法を紹介します。

① ホーム画面の [App Store] をタップします。
② [Today] をタップし、画面右上の名前または 　をタップします。
③ [ギフトカードまたはコードを使う] をタップします。
④ [カメラで読み取る] をタップします。
⑤ Apple ギフトカードの裏面にカメラをかざすと、自動的にコードが読み取られます。
　　[サインインが必要です] と表示されたらパスワードを入力し、[サインイン] をタップします。
⑥ [Apple Account に￥XXXX が追加されました] と表示され、チャージした金額が表示されます。
⑦ [×] をタップします。
　　[よろしいですか？このオファーを後で利用することはできません。] と表示されたら、[OK] をタップします。

3 音楽の購入

音楽の購入には、iTunes Store（アイチューンズストア）を使います。iTunes Store にある音楽は、曲の長さによって 60〜90 秒間の試聴ができます。音楽は1曲単位で購入できます。1曲ずつ購入するよりアルバムとして購入すると、お得な価格設定になっています。購入した曲は、iPhone の 🎵 ［ミュージック］に保存され、いつでも聞くことができます。

① ホーム画面の ⭐ ［iTunes Store］をタップします。
② ［"iTunes Store"は通知を送信します。よろしいですか？］と表示されたら［許可］を、［ようこそ iTunes Store へ］と表示されたら［続ける］をタップします。
③ ［ファミリー共有を設定］と表示されたら、［今はしない］をタップします。
④ ［ミュージック］をタップします。画面を上下左右に動かすと音楽が探せます。
⑤ 画面下の 🔍 をタップし、［検索］ボックスにキーワードを入力してキーボードの［検索］をタップします。検索結果は［すべて］［ソング］［アルバム］［さらに見る］などに分類されます。
⑥ タイトルをタップすると曲が試聴できます。タイトルをもう一度タップすると、再生が停止します。
⑦ 購入したい場合、音楽の購入金額をタップします。1曲ずつ購入することも、アルバムとして購入することもできます。金額は音楽によって異なります。

⑧ 本体右側のサイドボタンを2回素早く押します。
⑨ iPhone に視線を合わせます。顔が認識されると［完了］と表示されます。
　顔認識がうまくいかないときは［購入］をタップし、Apple Account のパスワードを正確に入力して［サインイン］をタップします。
　➡ 丸いホームボタンのある iPhone の場合、［Touch ID で支払う］と表示されたら、ホームボタンに登録した指をのせます。
　指紋認識がうまくいかないときは［支払い］をタップします。
⑩ 購入すると［再生］と表示されます。［再生］をタップすると、曲を最後まで聞けます。

152

⑪ ホーム画面の 🎵 [ミュージック] をタップします。
⑫ [ようこそ Apple Music へ] と表示されたら、[続ける] をタップします。
⑬ [1か月間無料で音楽をお楽しみいただけます。] と表示されたら、[×] をタップします。ほかにもお知らせが表示されたら、[今はしない] をタップします。
⑭ [ライブラリ] の [ダウンロード済み] に購入した音楽が表示されます。[最近追加した項目] にも同じものが表示されます。
一度購入したものは、[ミュージック] でいつでも再生できます。

🎴 ワンポイント　購入した音楽をアラームに設定

Apple Music で購入した音楽は聴いて楽しむほか、アラームの音に設定することもできます。自分の好きな音楽で目覚めたい人は、ぜひ次のように設定してみてください。

① ホーム画面の [時計] をタップします。
② [アラーム] をタップします。
③ [＋] をタップします。
④ 表示された時刻を上下に動かして、時刻を入力します。
⑤ [繰り返し] をタップし、アラームを設定したい曜日をタップします。
⑥ [サウンド] をタップします。
⑦ 購入した曲が表示されます。使いたい曲をタップします。
⑧ [＜戻る] をタップします。
⑨ [保存] をタップします。

4　映画のレンタル

映画のレンタルには、Apple TV（アップルテレビ）を使います。
映画のレンタルにはダウンロードという作業が伴います。ある程度の時間がかかるので、映画を見たい時は余裕をもってダウンロードしておくとよいでしょう。映画はレンタルした日から 30 日以内に見始める必要があります。一度再生を始めたら 48 時間でレンタル時間が終了します。48 時間以内であれば、何度でも見ることができます。

① ホーム画面の [Apple TV] をタップします。

153

② ［ようこそ Apple TV へ］と表示されたら、［続ける］をタップします。通知に関するメッセージや、無料トライアルに関する通知が表示されたら、［今はしない］をタップします。
③ ［ストア］をタップします。画面を上下左右に動かして映画を探せます。
④ ［検索］をタップすると、映画をジャンルごとに探せます。
⑤ 見たい映画のレンタル金額をタップします。金額は映画により異なります。
⑥ 本体右側のサイドボタンを2回素早く押します。
⑦ iPhone に視線を合わせます。顔が認識されると［完了］と表示されます。顔認識がうまくかない時は［レンタル］をタップし、Apple Account のパスワードを正確に入力して［サインイン］をタップします。

→ 丸いホームボタンのある iPhone の場合、［Touch ID でレンタル］と表示されたら、ホームボタンに登録した指をのせます。

⑧ ［再生］と表示されるので［タップ］します。
⑨ ［映画"映画のタイトル"の視聴を開始しますか？］と表示されます。［再生］をタップすると、レンタルした映画が見られます。iPhone を横にすると大きく表示できます。
⑩ レンタルした映画は［ライブラリ］にも表示されます。

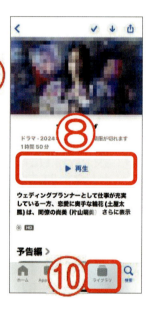

ワンポイント　本の購入

本の購入には、［ブック］を使います。本にはサンプルがあり、内容を一部読むことができるようになっています。漫画などは1巻だけ無料で読めるものがあります。本や雑誌を何冊購入しても、iPhone ならかさばらずに持ち歩くことができます。また、「耳で聞く本」のオーディオブックを楽しむこともできます。
本は［サンプル］をタップすると、試し読みができます。オーディオブックは［プレビュー］をタップすると、試聴できます。それぞれ金額の書いてある部分をタップすると、本やオーディオブックが購入できます。

レッスン 5　Siri の使い方

iPhone の音声アシスタント機能は Siri（シリ）といいます。Siri に話しかけると天気を教えてくれたり、予定の確認ができたりします。また Siri にやりたいことを頼むと、会話形式で操作のアシスタントをしてくれたりします。

1　Siri を利用する場合の設定の確認

Siri を使う前に、次のような設定を確認しておく必要があります。また、ボタンを押さずに「ヘイシリ」と呼びかけて操作できるよう、Siri の設定もしておきましょう。

① ホーム画面の　　［設定］をタップします。
② ［Siri］をタップします。
③ ［Siri に話しかける］をタップします。
④ ［サイドボタンを押して Siri を使用］の　　オフをタップして　　オンにします。

　➡ 丸いホームボタンのある iPhone の場合、［ホームボタンを押して Siri を使用］をタップします。

⑤ ["Hey Siri"]をタップします。
⑥ ["Hey Siri"を設定］と表示されたら、［続ける］をタップします。
⑦ 画面の指示に従い、Siri に話しかけて自分の声を認識させます。
⑧ ［Siri の準備完了］と表示されたら、［完了］をタップします。
⑨ ［＜］をタップして Siri の設定画面に戻り、［自分の情報］に自分の名前が表示されていることを確認します。
　表示されていない時は、タップして連絡先から自分の名前をタップします。

155

> **ワンポイント**　位置情報サービスについて

位置情報サービスがオンになっていると、最寄りの施設などを Siri に探してもらうことができます。Siri を使い始めた時に［"Siri"に位置情報の使用を許可しますか？］表示されたら、［アプリの使用中は許可］をタップます。

2　Siri に尋ねる

よく知っている人にものを尋ねるように、天気、検索したいこと、道順、周辺のお店、気になったことなど、思いつくままに Siri にいろいろと話しかけてみましょう。Siri は現在地情報をもとに天気や経路、周辺の施設を調べることができます。

Siri を呼び出すには、サイドボタン（ホームボタンのある iPhone はホームボタン）を長めに押します。Siri は画面下に控えめに表示されるので、ほかの作業をやりながらでも Siri に話しかけてその回答を得ることができます。Siri の回答はその時々によって、また聞き方によって多少変わります。そのやり取りも楽しみのひとつです。

ボタンを押してから間があると Siri とのタイミングが合いません。そのような時は、もう一度ボタンを長めに押して Siri の画面を表示します。

① 本体右側のサイドボタンを長めに押します。
　→ 丸いホームボタンのある iPhone の場合、ホームボタンを長めに押します。
② 画面下に 〇 が表示されます。
　「来週末の天気は？」と話しかけます。
③ 現在地の天気予報が表示されます。
④ 次のように Siri に話しかけてみましょう。
　・「明日の朝 4 時に起こして」
　・「3 分のタイマーをセットして」
　・「懐中電灯つけて」
　・「画面を明るくして」
　・「メモを見せて」
　・「来週の予定教えて」
　・「来年の干支は？」
　・「〇〇さんに電話して」
　・「近くの喫茶店は？」

> **ワンポイント**　Hey Siri について

「Hey Siri（ヘイ、シリ）」と iPhone に呼びかけても、音声アシスタントを利用することができます。iPhone を机の上に置いたまま、「Hey Siri」と呼びかけてから「10 分タイマー！」などと聞いてみましょう。

レッスン6　AirDropを使った写真交換

AirDrop（エアドロップ）とは、近くにいる人に写真や動画、連絡先などを無線で送ることができる機能です。AirDropは、「送りたいデータ」と「誰に送るか」を決めるだけ、受け取る側は［受け入れる］をタップするだけという、とても簡単なデータの送受信方法です。

1　AirDropを利用する場合の設定

AirDropの設定は、コントロールセンターから行います。AirDropを使う相手を［すべての人］に設定すれば、相手の連絡先を知らなくても写真などを送ることができます。連絡先に登録してある相手とだけ使いたい時は［連絡先のみ］にしておきます。また、使わない時は［受信しない］にしておくとよいでしょう。

① 画面右上からゆっくり下に指を動かしてコントロールセンターを表示します。
　　丸いホームボタンのあるiPhoneの場合、本体の下の縁からゆっくり押し上げるように指を動かして、コントロールセンターを表示します。
② ［Wi-Fi］や［機内モード］のある場所をタップします。
③ ［AirDrop］をタップします。
④ ［すべての人（10分間のみ）］をタップます。
⑤ コントロールセンター以外の場所をタップし、ホーム画面に戻ります。

2　AirDropで写真を送る

近くにいる相手に、AirDropで写真を送ってみましょう。AirDropでは動画やメモ、地図の場所や、見ているWebページなどを、近く（9m以内）の相手に送ることができます。送られたものが写真や動画であれば自動的に［写真］に保存されます。メモが送られたらその内容は「メモ」で表示されます。送られたものを受け入れるだけで、送られた情報に合わせたアプリが自動的に画面に表示されます。

157

① ホーム画面の [写真] をタップし、相手に送りたい写真をタップします。
② 画面下の をタップします。
③ [AirDrop] をタップします。
④ AirDrop が利用できる相手が近く（9メートル以内）にいると、画面に表示されます。送る相手をタップします。
⑤ データが送信されると［送信済み］と表示されます。
⑥ AirDrop でデータが送られると、画面にメッセージが表示されます。送られてきたデータを受け取る時は［受け入れる］、受け取りたくない時は［辞退］をタップします。

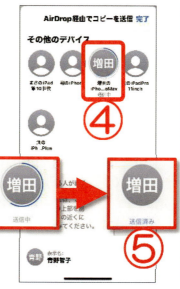

⑦ 写真を選択する際、［選択］をタップし、複数枚選択して送ることもできます。また、動画を含めることもできます。
⑧ AirDrop の画面に表示された複数の相手を選択すると、複数の人に同時に写真を送ることもできます。
⑨ iOS 17 以降の iPhone 同士なら、iPhone の上部を合わせると、AirDrop を利用してデータがやりとりできます。

データを送りたい相手の iPhone がスリープ状態（画面が暗い）だと、AirDrop の画面に相手が表示されません。AirDrop は、お互いスリープではない状態（画面が明るい状態）で使いましょう。

ワンポイント　AirDrop に表示される名前

AirDrop の画面に「iPhone」とだけ表示されると、誰の iPhone かわからない場合があります。AirDrop に表示される名前は次のようにして変更できます。AirDrop を送る時に表示される名前なので、本名である必要はありません。苗字だけ、ニックネームなどでもかまいません。

① ホーム画面の［設定］をタップし、［一般］をタップします。
② ［情報］をタップし、［名前］の欄をタップして、好きな名前を入力します。

レッスン7　カメラでのQRコードの読み取り

チラシやパッケージ、名刺などに記載されている **QRコード** を読み取ると、ホームページが簡単に表示できたり、メールアドレスの入力の手間が省けたりします。
iPhoneではQRコードを読み取るアプリは必要ありません。読み取りたいQRコードに、**iPhoneのカメラをかざしてみましょう。**

1　QRコードを読み取る（Webページ）

QRコードにカメラをかざすと、画面に通知が表示されます。その通知をタップすると、読み取った内容が表示されます。**写真を撮るわけではないので、シャッターボタンはタップしません。**

① ホーム画面の 📷 ［カメラ］をタップします。
② このQRコードにカメラをかざします。

▼筆者の教室

③ QRコードの上に、読み取られた通知（この場合ホームページのアドレス）が表示されます。［pasocom.net］をタップします。

 丸いホームボタンのあるiPhoneの場合、画面の上に表示される［"pasocom.net"をSafariで開く］をタップします。

④ 該当するアプリが自動的に開き、読み取った内容が表示されます。

2　QRコードを読み取る（動画やメール）

動画を表示させたり、メール送信の画面を表示させたりするQRコードもあります。どのアプリで開くかを考えなくても、画面に表示された通知をタップすれば、該当するアプリが開きます。※QRコードで読み取られる内容は、いずれも筆者の教室関係のページです。

▼お問い合わせ　　　　　▼筆者のブログ　　　　　▼筆者YouTube

レッスン8　スクリーンショットの利用

iPhoneの画面に表示されているものを、そのまま写真に撮ることができます。新聞記事のスクラップのように、**見ている箇所をそのまま切り取って保存**することができます。これを**スクリーンショット**といいます。

1　スクリーンショットの撮影方法

ホーム画面を撮影してみましょう。同時に押すタイミングが合わないと、画面が暗くなったりします。両方同時に押すには多少の慣れが必要ですが、ぜひ覚えておきましょう。

① 撮影したい画面を表示し、本体右側のサイドボタンと音量の上のボタンを同時に押します。

　→ 丸いホームボタンのあるiPhoneの場合、本体右側のサイドボタンとホームボタンを同時に押します。

② シャッター音がして、スクリーンショットが撮影できます。

③ 撮影されたスクリーンショットはホーム画面の 　[写真]で確認できます。

▼ホームボタンのあるiPhoneの場合

2　スクリーンショットの利用シーン

スクリーンショットを使えば、iPhoneの画面に表示されたものを保存できます。例えば[設定]の画面で、どんな設定をしたのかを記録したり、大事なメールやメッセージの文面を残しておいたりするのに使うことができます。

Webページで調べたお店の情報や、マップで検索した地図などを**スクリーンショットで残しておく**のもひとつの使い方です。

スクリーンショットで残したWebページや地図は、1枚の写真になっているので、それを見るために**インターネットの接続は必要ありません**。簡単に**画面メモを取る感覚**で、ぜひ気軽に利用してみましょう。

メモする代わりに設定の画面を記録しておきたい。

よくわからないメッセージが表示された。

地図を保存しておきたい。

レッスン9 Apple Payの設定

Apple Pay（アップルペイ）は、iPhoneに登録したクレジットカードやSuica（スイカ）から支払いをする仕組みのことです。クレジットカードを登録しておけば、手元にカードがなくても、iPhoneで買い物ができます。
また、Suicaを登録すれば、iPhoneで電車やバスなどを利用することができます。

1 ウォレットへのクレジットカードの追加

ウォレットは、クレジットカードや交通系ICカードのSuica（スイカ）を登録して支払いを行ったり、航空券や映画のチケットなどを入れて使うことができるアプリです。
Walletにクレジットカードを登録すると、iD（アイディ）またはQUICPay（クイックペイ）という電子マネーとして使えるようになります。
iPhoneにクレジットカードやSuicaを登録すれば、iPhoneをかざすだけで支払いが完了します。支払いの際は、本人確認のためFace ID、Touch IDまたはパスコードが必要で、本人以外が利用できない仕組みとなっています。
Apple Pay（アップルペイ）やiD、QUICPay、Suicaなどのマークのある場所でiPhoneで支払いができます。

① ホーム画面の ▭ ［ウォレット］をタップします。［通知を有効にする］［許可］などをタップします。
② ［"ウォレット"に位置情報の使用を許可しますか？］と表示されたら、［アプリの使用中は許可］をタップします。
③ ［＋］をタップします。
④ 追加したいカードの種類（ここでは［クレジットカードなど］）をタップします。説明が表示されたら、［続ける］をタップします。
⑤ 登録したいカードをカメラの枠内に収めます。
⑥ カードが読み取られると、カードに記載されているカード番号、名義、有効期限などが自動的に入力されます。読み取られた情報を確認して［次へ］をタップします。

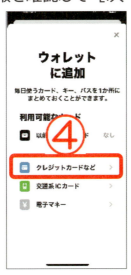

⑦ 有効期限を確認し、セキュリティコードを入力して［次へ］をタップします。
　※セキュリティコードはクレジットカードの裏にある3桁の数字です。アメックスはカードの表にある4桁の数字です。
⑧ 利用規約が表示されます。確認して［同意する］をタップします。
⑨ ［Apple Payを使用する］と表示されれば登録は終了です。［完了］をタップします。
⑩ ［カード認証］の画面で、認証方法（SMS）を確認して［次へ］をタップします。
⑪ ショートメッセージサービス（SMS）に届いた認証コード（数字）を入力し、［次へ］をタップします。
⑫ ［完了］をタップします。

クレジットカードを利用する時には、サインの代わりの本人確認にFace ID（ホームボタンのあるiPhoneの場合はTouch ID）を使います。

2　ウォレットへのSuicaの追加とチャージ

iPhoneでは、ウォレットに電子マネーのSuica（スイカ）が登録できます。
またiPhoneにクレジットカードを登録しておけば、iPhoneの中でSuicaやPASMOを新規作成（新規発行）できます。新規作成には最低1000円のチャージが必要となります。また、追加のチャージもできます。

■Suicaの新規作成（新規発行）

① ホーム画面の  ［ウォレット］をタップします。
② ［＋］をタップします。
③ ［交通系ICカード］をタップします。
④ 追加したい交通系ICカード（ここでは［Suica］）をタップします。
⑤ ［続ける］をタップします。

⑥ 入金したい金額をタップし、［追加］をタップします。
⑦ 利用規約を読んで［同意する］をタップします。
⑧ チャージ金額は、登録したクレジットカードで支払います。本体右側のサイドボタンを 2 回素早く押し、iPhone に視線を合わせます。

→ 丸いホームボタンのある iPhone の場合、ホームボタンに登録した指をのせます。

⑨ ［カードを追加中］と表示されます。
⑩ ［エクスプレスカードに設定完了］と表示されます。［完了］をタップします。
⑪ ［ウォレット］に［Suica］が登録されます。［完了］をタップします。

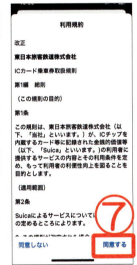

ワンポイント　エクスプレスカードとは

iPhone に登録した Suica などの交通系 IC カードは、エクスプレスカードに設定しておけばロックを解除しなくても使えます。また改札を通るたびに毎回 Face ID（または Touch ID）やパスコードなどで認証しなくても、使えるようになります。
毎回改札を通る時に認証を求められる場合は、［設定］→［ウォレットと Apple Pay］→［エクスプレスカード］の順でタップし、交通系 IC カード（Suica、PASMO など）がエクスプレスカードになっているかどうか確認しましょう。

■ Suicaへのチャージ

① ホーム画面の [ウォレット]をタップします。
② [Suica]（Suicaのカード）をタップします。
③ [チャージ]をタップします。
④ チャージしたい金額をタップし、[追加する]をタップします。
⑤ 本体右側のサイドボタンを2回素早く押し、iPhoneに視線を合わせます。

　→ 丸いホームボタンのあるiPhoneの場合、ホームボタンに登録した指をのせます。

⑥ 指定した金額がチャージされます。
⑦ Suicaを使いはじめると、使用履歴が表示されるようになります。

対応エリアでの電車、地下鉄、バス利用時にはiPhoneに入れたSuicaが使えます。iPhoneをかざして買い物をしたり、改札を通ったりと、iPhoneひとつで外出できますね。
改札を通る時は、iPhoneの画面が暗いままタッチしても大丈夫ですが、バッテリーが切れている時は使用できないことがあります。

164

レッスン 10　データのバックアップ

iPhone を使うようになると、写真を撮ったり、メモを作ったり、インターネットで情報を検索したりするようになります。iPhone の中にあるそれらのデータの複製を作り、インターネット上にも保存しておくことを*バックアップ*といいます。
Apple Account があれば、*iCloud（アイクラウド）* という場所に*無料で 5GB（ギガバイト）* までのデータが保存できます。

1　iCloud へのデータのバックアップ

iCloud バックアップの設定を確認してみましょう。
次の条件を満たす時、データのバックアップが iCloud に自動的に作成されます。

- Wi-Fi 経由でインターネットに接続されていること
- 使っている iPhone が電源に接続されていること
- iCloud の設定がオンになっていること

① ホーム画面の [設定] をタップします。
② 自分の名前をタップします。
③ ［iCloud］をタップします。
④ iCloud の現在の使用状況が、横棒グラフで表示されます。画面を上に動かし［iCloud バックアップ］をタップします。
⑤ ［この iPhone をバックアップ］が　　　オンになっていることを確認します。

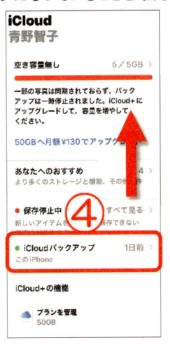

165

2　iCloudの空き領域の変更

バックアップするデータが無料で利用できる5GB（ギガバイト）で収まらなくなると、［ストレージの使用量が上限に達しました］という表示がたびたび出るようになります。

これは iPhone 本体がデータでいっぱいになり、もう使えないという意味ではなく、インターネット上の保存場所である iCloud がデータなどでいっぱいになっている、という意味です。

メッセージを見てあわててしまい、もうデータが保存できないと勘違いする方も多いのですが、［iCloud ストレージ］とは iPhone 本体のことではありません。間違えないようにしましょう。

容量がデータでいっぱいになる要因として多いのは、たくさんの写真や動画のバックアップです。iCloud は写真や動画も自動的にバックアップされる仕組みなので、容量のことを考えて、バックアップする必要のない写真や動画は、あらかじめ削除しておくとよいでしょう。

iCloud は月額使用料を支払えば、容量を増やすことができます。

- 50GB ……………………… 130 円
- 200GB ……………………… 400 円
- 2TB ……………………… 1300 円　（2024 年 10 月現在）

必要のない写真や動画を削除しながら、無料の範囲内で使いたいという方もいるでしょう。あるいは、月数百円のコストで、iPhone のデータを自動的にバックアップしてくれるなら使ってみてもよい、という方もいるでしょう。

ここでは iCloud の容量を 5GB から 50GB に増やす手順を紹介します。第 7 章では、Google フォトを利用した写真や動画などのバックアップについて説明しましたが、iCloud を利用することもできます。

月額使用料は、クレジットカードを登録して支払うほか、コンビニエンスストアなどで販売している Apple ギフトカードで支払うこともできます。

※ここでは、P151の手順で Apple ギフトカードを登録してある、または P161 の手順でクレジットカード情報を登録してあるという前提で、有料プランに入る手順を説明しています。

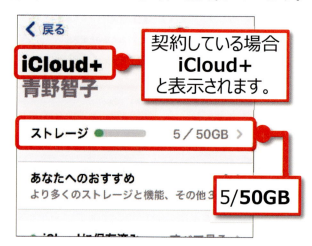

① ホーム画面の［設定］をタップし、一番上の自分の名前をタップします。
② ［iCloud］をタップします。
③ ［50GBへ月額￥130でアップグレード］をタップします。
④ プランの確認画面が表示されます。画面を上に動かすと説明が表示されます。
　　［50GB　月額￥130］をタップします。
⑤ ［iCloud+にアップグレード］をタップします。
⑥ 本体右側のサイドボタンを2回素早く押しiPhoneに視線を合わせます。

　　丸いホームボタンのあるiPhoneの場合、ホームボタンに登録した指をのせます。

⑦ ［iCloud+へようこそ］と表示されます。［完了］をタップします。
⑧ ［iCloud+］となり、ストレージが増量されたことを確認します。

iCloud+
5/**50GB**

思い出の写真や動画は同じものをもう一度撮ることはできません。GoogleやiCloudなどを利用して、しっかりバックアップをしておくことが大切です。

167

索 引

英字

AirDrop（エアドロップ） 14, 157
Apple Account（アップルアカウント）
.... 20, 82
Apple Pay（アップルペイ） 161
Apple TV（アップルテレビ） 153
Apple ギフトカード 151
App Store（アップストア） 82, 150
Doc（ドック） 13, 94
Face ID（フェイスアイディー） 25, 83
Flyover（フライオーバー） 108
Google アカウント 105, 137
Google フォト 88, 136
Google マップ 85, 96
iCloud へのデータのバックアップ 165
iMessage（アイメッセージ） 65, 76
iOS（アイオーエス） 5
iPhone の各部の名称 3
iPhone の充電 4
iTunes Store（アイチューンズストア）
.... 150, 152
QR コードの読み取り 159
Safari（サファリ） 53, 56
　お気に入り 56, 58
　ブックマーク 56, 58
Siri 155
SMS（ショートメッセージサービス） 65
Touch ID（タッチアイディー） 26, 84
URL 55
USB-C コネクタ 3
Web ページの検索 53, 55
Web ページの削除 57
Web ページの見方 54
Web ページの文字サイズの変更 58
Web ページの履歴 59
Wi-Fi（ワイファイ） 14, 18

あ

アイコン 3
アプリ（アプリケーション） 3, 82
　スタンバイ状態の〜の切り替え 91
　〜の削除 92

　〜の終了 92
　〜の追加（インストール） 82, 85, 88
　〜の見つけ方 82
　〜をまとめる 93
アプリライブラリ 91
アルバム 133
ウォレット 161
音声入力 45
音量ボタン 3, 160

か

顔の登録 25
かぎかっこ、句読点、数字の入力 51
カメラコントロール 3
カレンダー 145
キーパッド 28, 31
キーボードの種類 42
キーボードを使った文字の入力 48, 52
キャリアメール 64
コントロールセンター 13

さ

サイドボタン 3
指紋の登録 26
写真
　iPhone の持ち方 110
　明るさの調整 113
　お気に入りにまとめる 133
　壁紙として〜を設定 135
　〜から検索 128
　〜の位置情報 127
　〜の削除と復元 132
　〜の撮影 111
　〜の自動バックアップ 140
　〜の分類 126
　〜の編集 128
　メールに添付された〜の保存 71
写真付きメッセージを送る 78
写真付きメールを送る 70
シャッターボタン 112
消音（マナー）モードとバイブレーション ... 32

署名の編集 74
スクリーンショット 160
ステータスバー 13
ズーム 114
スリープ／スリープ解除 7
スローモーション撮影 123
スワイプ 12
セルフタイマー機能 120
前面側カメラ 3, 116

た

タイムラプス 123
タップ 10
地図 96
　　［お気に入り］ 106, 107
　　経路検索 100, 102
　　周辺にあるスポットの検索 99
　　詳細情報の利用 103
　　〜の切り替え 97
着信／サイレントスイッチ 3, 32
着信中の画面 30
超広角撮影 114
通知センター 17
通話中の画面 31
天気の調べ方 149
電源を切る/入れる 9
電話を受ける 30
電話をかける 28
動画の削除 132
動画の撮影 116
時計の便利な機能 147
ドラッグ 12

な、は

ナイトモード 115
背面カメラ 3
パスコード 24
発着信履歴から電話をかける 29
パノラマ撮影 123
ビデオ通話 39, 40
ピンチアウト、ピンチイン 11
ピント合わせ 112
複数の Web ページを閉じる 61
不在着信 31

フラッシュの切り替え 120
フリック 12
フリック入力 49
変換候補を使った入力 50
ボイスメッセージ 78
ポートレート撮影 122
ホーム画面 3, 8, 13
　　〜への Web ページの追加と削除 60

ま

見やすい画面の設定 15
メッセージ送信時の効果の設定 79
メッセージを受け取る 77
メッセージを送る 76
メモ 42, 142
　　箇条書きや番号付きの〜の作成 ... 143
　　スキャン 144
　　手書き入力 144
　　メールアドレスの設定 74
メールにフラグを付ける 73
メールの画面 66
メールの削除 73
メールの転送 72
メールの返信 70
メールを受け取る 69
メールを送る 67
文字の再変換 47
文字の入力 48, 49, 52
文字の削除 47

ら

ライブフォト 121
［ライブラリ］ 125
留守番電話サービス 31
連写撮影（バーストモード） 119
連絡先
　　〜から電話をかける 29
　　〜の削除 38
　　〜の新規追加 35
　　〜の編集 36
　　［よく使う項目］への登録 33
　　履歴から〜への追加 38
ロック画面 8, 30, 40

169

著者紹介　増田 由紀（ますだ ゆき）

2000年に千葉県浦安市で、ミセス・シニア・初心者のためのパソコン教室「パソコムプラザ」を開校。2020年10月にオンラインスクールに移行。現役講師として講座の企画から教材作成、テキスト執筆などを行っている。
2007年2月、地域密着型のパソコン教室を経営する6教室で「一般社団法人パソコープ」を設立し、現在はテキスト・教材開発を担当している。
「パソコムプラザ」では「"知る"を楽しむ」をコンセプトに、ミセス・シニア・初心者の方々にスマートフォン、iPad、パソコンの講座を行っている。受講生には70～90代の方々も多い。シニア世代のスマートフォンの利活用に特に力を入れている。日本橋三越、新宿伊勢丹、京王百貨店、日本橋高島屋、椿山荘、ホテルニューオータニ、クラブツーリズム、JTB、JA などでも講座を担当。また、「いちばんやさしい60代からの」シリーズ（日経BP）、「老いてこそスマホ」（主婦と生活社）、「世界一簡単！70歳からのスマホの使いこなし術」（アスコム）ほか新聞・雑誌への多数の執筆活動も行っている。

- 教室ホームページ　　　　https://www.pasocom.net/
- 著者ブログ「グーなキモチ」　https://masudayuki.com/

■本書は著作権法上の保護を受けています。
　本書の一部あるいは全部について、日経BPから文書による許諾を得ずに、いかなる方法においても無断で複写、複製することを禁じます。購入者以外の第三者による電子データ化および電子書籍化は、私的使用を含め一切認められておりません。
　無断複製、転載は損害賠償、著作権法の罰則の対象になることがあります。

■本書についての最新情報、訂正、重要なお知らせについては下記Webページを開き、書名もしくはISBNで検索してください。ISBNで検索する際は-（ハイフン）を抜いて入力してください。
　https://bookplus.nikkei.com/catalog/

■本書に掲載した内容についてのお問い合わせは、下記Webページのお問い合わせフォームからお送りください。電話およびファクシミリによるご質問には一切応じておりません。なお、本書の範囲を超えるご質問にはお答えできませんので、あらかじめご了承ください。ご質問の内容によっては、回答に日数を要する場合があります。
　https://nkbp.jp/booksQA

いちばんやさしい70代からのiPhone

2024年12月23日　初版第1刷発行
2025年 4月21日　初版第3刷発行

著　　　者	増田 由紀	
発　行　者	中川 ヒロミ	
発　　　行	株式会社日経BP	
	東京都港区虎ノ門4-3-12　〒105-8308	
発　　　売	株式会社日経BPマーケティング	
	東京都港区虎ノ門4-3-12　〒105-8308	
DTP制作	株式会社スノー・カンパニー	
カバーデザイン	小口翔平＋後藤司(tobufune)	
印　　　刷	大日本印刷株式会社	

- 本書に記載している会社名および製品名は、各社の商標または登録商標です。なお、本文中に™、®マークは明記しておりません。
- 本書の例題または画面で使用している会社名、氏名、他のデータは、一部を除いてすべて架空のものです。

© 2024 Yuki Masuda
ISBN978-4-296-05065-9　　Printed in Japan